人生，不只初见

李安安/著

RenSheng,BuZhi Chu Jian

华夏出版社
HUAXIA PUBLISHING HOUSE

写在前面

写完本书，我长出了一口气，疲惫的同时感到欣慰，不仅因为对自己的人生和感悟有了一个梳理，更为这些感悟终于可以分享给更多的人，说给这个世界听而高兴。

关于人生，每个人都有自己的理解。也许很多人会说，无所谓吧，有什么好说的？说了又有什么用？但在我个人的生活中，对人生的思考从未停止。有几分困惑，就有几分思考。

我出生在一个知识分子家庭，受家里《红楼梦》《庄子》《论语》《道德经》等书刊影响，我对人生和人性，对天地自然，对修养人品等，有种特别的亲切感。少年时，我本能地拒绝社会的假恶丑，坚守真善美，拒绝长大。我经常为人长大变得世故而苦恼。到大学时，我还是不谙世事的样子，同学们唤我"阿纯"。我经常天马行空地思索着人生、社会、人与人的问题，思索不断。暑假时，我用一晚上写下了一万多字的《初味人生》，写完天也亮了。没有人给我安排这样的作业，我自己忍不住要想，要写，否则晚上睡不着……

工作后，因为不安分，为了梦想，我孤身一人漂到北京，随着经历和见识的增加，几番曲折和痛苦后，对人生和社会的认识加深了一步。

一次出差到河南安阳，参加一个宗教界的学术会议。一位僧人与我聊天，说我有慧根，似乎想拉我加入。我呵呵一笑，心里还老大不高兴。我很自信，一直以来都是按照自己设定的方向走着，自认可以把握、主宰自己的人生，对宗教的兴趣只限于丰富知识、提升修养。但这并不能说明我没有痛苦和挫折，我也有自己的无奈和忧伤，由于梦想不泯，更充满上下求索的痛苦。好在这些痛苦和挫折不仅没让我倒下，反而让我更加顽强。

我是个现实主义者，从没打算信仰某个宗教，我有很多梦想和追求，我喜欢现世的生活，我自信有能力通过不懈努力让自己活出自己想要的样子——也就是说，我更愿意信仰我自己，在有生之年证明自己，完成我今生的使命。

当够了记者和编辑后，我做到了在少年时期对自己全方位体验人生的承诺，在该沉淀时，我选择了在寂寞中沉静地做书。在书中，我继续对知识的追索，继续对人生、社会、人与人之间的关系的思考；我还把自己的人生经验和迷茫付诸笔端。曾经的我是那么的虚荣，爱凑热闹，不安分地跑来跑去，而现在的我是如此喜欢简单和安静。在年近不惑时，我选择了适合自己的生活和工作方式，以此实现我的生活和事业梦想。

如今想来，生命的轨迹，以及事业和人生道路，似乎冥冥中早有注定。我已不再年轻，但梦想不泯，依然有着青春时火一样的热情，对自己怀一份期许，开心地做自己喜欢的事情，希望我的工作能充实"愉快"自己，在愉快的同时也能光照更多人。

当下的社会，人心趋于功利和浮躁，生存竞争加剧，内心斗争和痛苦强烈，很多人陷入迷茫。我们为未来的幸福而奋斗，但却忽略了眼下的生活，幸福在不经意中从我们指尖中溜走了。这样下去，就算将来功成名就，也怕是得不偿失。

我们总是太匆忙，来不及思考，静不下心来。压力和痛苦与我们相伴，我们不知如何解脱。那么，痛苦源自哪里？固然有社会的原因，但关键在于自己。你是否因为随波逐流而失去自我，丢了本真和初衷？你的真正需要是什么？你是否明白怎么走下去？

在一个浮躁的社会，如何不失自我，以不变应万变，保持一份自由和独立？如何面对人生的无奈、情感的困惑、事业的成败、名利的诱惑？如何面对心心念念的明灭，摆脱烦恼，快乐自我？如何总结与认识人生？……或许，我们的烦恼正是因为对这些问题缺乏思考。本书试图解决这些困惑：社会无从改变，但我们可调整好自己，先从内心开始，加强内修，活出坚强的人生，活出自己的小宇宙。

本书站在人生的高度，基于传统的道德精神，结合个人经历和时代，给出一些指导性意见。本书完全原创，集心修与励志于一体，重在内修，强调内在力量，激励读者朝健康的方向努力……

内心不修养，无以强大；内心不强大，难以立足于社会。本书融合了我对于人生、社会、人与人之间关系的思考，是我个人四十年岁月的总结与感悟，在这里分享给大家。

一本书的出版需要很多人的辛苦努力，在此感谢出版社编辑的辛勤劳动，感谢我老公的支持。

希望本书能给迷茫、困惑或痛苦的朋友们一点儿启发，自觉回到内心，反观审视自我，重新认识自己，定位自己，思考人生，丰富内在，强大自己。

愿你们都活得自由而快乐。

李安安于京东家中
2015年4月

目录

contents

第一章

人生的立脚点

1.有个立脚点

人为何活着？要怎么度过这一生？

人生很复杂，但不影响一个小孩子对它进行好奇而认真的思考。少年时，我就开始思索人生，虽然我的小脑袋想不明白，不知人生之艰，但就是愿意想。尽管我初涉人生，不谙世事，但心很敏感，产生了青春的迷茫，这促使我思考人生。十八岁时，我曾在一个晚上写下了一篇洋洋万言的《初味人生》，那是年少时的我对人生、社会、人与人之间关系等问题所做的初步探索。

那时，我的梦想是成为作家或者演员。我从小喜欢文艺，爱表现自己。初中时，我就在暑期写下了十多万字的小说，记录少年生活，当时人小心大，还曾想写成百万字的长篇。后来，由于当记者，经常采访一些专家学者，才开始向着学者型作家努力。

少年的梦是狂妄的。从幼年起，我就决定做文化方面的工作，自认理想很神圣。如今，我仍痴心不改。

书本教育我们，奉献的人生才有意义，但这是社会标准，不是自己的，不一定适合自己。只有与个人梦想结合的奉献，才于己、于社会都有意义，才是真正有意义的幸福人生。否则，自己安顿不好,何谈奉献?对个人而言,做好自己,就是对社会的最大奉献。

少年时对人生的思考,使我明确了梦想,确定了以后的人生之路——永远离不开文化。大学毕业后,我被分配到国企,但在我心中有那个大文化的梦,我不安于此,就去应聘当电视台的记者,发现这其中的浮躁后,又去当报纸记者;发现它的时事局限后,在人生经历日益沉淀之时,我选择沉静地写书。一路走来,曲折坎坷,但聊以自慰的是,我一直没有放弃自己的文化追求,为此上下求索,一直向上,为日益接近我心中的理想而努力奋斗……

回首过去,我十分感激少年时对人生的思考。因为那个思考让我坚持做自己,不为外物所左右,不论走得多难、多苦,始终没有放弃,没有放弃心中那份宁信其有的执着。

我以为,这种对人生的思考和坚守,是我人生的立脚点,成为我人生中不倒的思想根基。

我想,大概是因为这个根基,让我从少年时就时常走进自己的内心,认识、反省、激励并挖掘自己,所以,一直以来,我都明白自己要做个什么样的人,知道自己的真正需要,明白自己的方向。我为什么这么自信?因为近四十年来,我可以没有遗憾地说:我从未失去自我,从未停止努力的脚步。

所以我说,人生有个立脚点十分重要。它决定的,不只是你的梦想,还有未来的走向,如何走,做好自己。有此立脚点,才能自己主宰自己,不会像浮萍那样,漂着,浮着,泛着,不知何去何从……

对人生的思考越早越好,人不能糊涂着活,这种思考没有结束。事实上,对人生的思考贯穿着一生。在很多人看来,这是没用的空想,也想不出结果,但正是这种看似没用的思考,决定着你的人生。

正因为认识自己和人生不是一件容易的事，所以应尽早认识，积极探索。人生的过程，就是认识自己、寻找自己的过程。唯有不断思考、探索人生，才能解开一个个困惑，活出明白、轻松快乐的人生。

有立脚点的人，能不断审视自己，完善自己，不失自我，所以他活得明白。明白什么？明白自己的来去始终：做个什么样的人，需要什么，能做什么，走向何方；明白自己选择什么，不选择什么，有所为有所不为。

问题看似简单，但关系到人生根本，值得用一生去思考探索。明确了这个，人生才有立脚点；否则，人生站不稳，立不起，走不远。

人生没有立脚点的人，大概从未想过人生，也没有问过自己需要什么，想做个什么样的人，内心没有坚守。这样，他就容易迷失自我，内心没有底线，容易为外物所左右。

不思索人生，难免会过得糊里糊涂；不明白自己，就难以做好自己，随波逐流，沦为平庸；内心没有坚守，难免会迷失自己，有所遗憾。

有立脚点的人有以下特征：

◎ 在少年时就开始思考人生。明确自己要成为怎样的人，对自己的人生有较高的期待，真诚地活。历来凡有大成者，无不在少年时就开始思索人生。

◎ 了解自己，爱自己。他相信自己是天下的唯一，所以尊重自己的个性、优势和爱好，发展个人的聪明和才华，坚持自己的追求。

无论别人如何否定自己，无论遇到多大失败，始终相信自己。

◎心怀梦想和笃定的信念。有一份宁信其有的执着，坚持做自己喜欢的事，把它与事业和理想相连，为此上下求索，百折不挠，始终如一，不改其志。

◎方向感很强。明白自己需要什么，要往何处去。不为外物所左右，不会迷失自己的方向。

◎内心有操守。不受人惑，不随波逐流，不附庸，做人做事有自己的风格。

◎有自己的生活方式和姿态。内心有韧性，也有弹性，善于平衡自己，以不变应万变。

◎注重自我修养。自觉传承传统道德，并热爱当下的生活，能接纳新事物。

◎保持自信。无论成败得失，无论顺逆荣辱，无论幸与不幸，都相信自己，坚守自己，永不降低自己的格调。他以此保持自信和力量，感觉自己的尊严和存在感。

◎积极进取，力争上游。他脚踏实地，不断磨砺自己，完善自己，证明自己，实现自己的价值，同时光照他人。

立脚点是一个人的立身之本、人生之根。立身有本，才能安身立命，做好一个"人"。本根深而牢，生命能量无限。

古人十分重视"安身立命"，以德为本，重人格修养，强调为人之本，即立脚点。

道家的返璞归真，强调回归本真，守一不变；儒家的"正心"、"诚意"，强调正心立德修身，然后齐家治国平天下；佛家修心，强调绝欲超俗。内容不同，但都强调坚守内心，人生由

"心"出发。

今天,我们以浮躁的快节奏,取代了曾经的优雅生活。一个富有精神财富的民族,由羞于谈钱,到今天的金钱至上,为钱疯狂,甚至为钱不择手段,而把传统的道德操守抛到九霄云外;物欲横流,世风不古,道德沦丧,有钱的没钱的,大家一股脑儿奔向"钱"程。

脚步停不下来,生活慢不下来,有钱的贪婪不止,没钱的为生存赚钱。结果是,我们日益远离了原点,背离了初衷,迷失了方向,有的只是走不完的路,回不了的家……

这就是我们的生存状态。

个人如流沙,被时代大潮裹挟着,难以自主。但是,清醒的智者不会随波逐流,他选择主宰自己,不被时风左右,坚守自我,坚守节操,不乱其性,不失其根,不改其志,不轻易向现实妥协,因为有此强大的内心,所以没人能打倒他。

古人的"达则兼济天下,穷则独善其身"仍值得借鉴。无法改变社会,但可洁身自好;别人不可求,但可返身求诸己,求诸心——不失本性,不失根本,就是不失立脚点。

也许,我们很渺小,但要自重,要独善其身,做一个相对纯粹的人,有尊严地活着,这就够了。

2.修养与境界

人生，在每个人眼里，都有不同的风景；在不同的风景里，都有不同的人生。

国学大师王国维，以古词说明人生的三境界：

古今之成大事业、大学问者，必经过三种境界："昨夜西风凋碧树。独上高楼，望断天涯路。"此第一境也。"衣带渐宽终不悔，为伊消得人憔悴。"此第二境也。"众里寻他千百度，蓦然回首，那人却在灯火阑珊处。"此第三境也。

只有别有心胸，才能独上高楼，看到别人看不到的风景；只有经历痛苦磨难，才能锻造非凡的意志和品质；只有上下求索，不改其志，才能在寻寻觅觅中突然峰回路转，柳暗花明，找到自己真正想要的东西。

境界，由修养而来。而修养，伴着我们成长、成熟。

人生的过程，既是奋斗的过程，亦是修养的过程。你在这个过程中的所得，不只体现在你成就了什么，更体现在你修养了什么，内心丰富了多少，境界提高了多少。修养高，品位高，眼光高，境界高。

　　修养的过程，就是不断自我完善的过程。而这个过程，总要经历一次次痛苦的蜕变。

　　我出生于一个教师家庭，从小所受的教育全是正面的。所以，我自小一心向往真善美，有些完美主义，以致长到少年，见到一些假恶丑，在别人看来习以为常，在我就十分敏感难忍，我就以叛逆的姿态表示反抗。比如，看到老师偏爱哪个同学，就觉得他是势利眼，不爱上他的课；看到某位同学受到孤立，我反而偏要和他接近。

　　青春期的我看谁都不顺眼。在学校里看老师、同学不顺眼，故意以不合群来吸引别人；在家里看父母不顺眼，动辄就与父母顶嘴，惹父母生气。有一次，爸爸让我提着水壶去食堂打稀粥。我觉得丢人，竟然拒绝，气得爸爸踢了我一脚，那是爸爸第一次也是唯一一次打我。还有一次，忘了因什么事情与妈妈吵嘴，妈妈的个性也很强，居然被日渐长大的我气得大哭起来，她趴倒在地上，拽着我的衣服，连哭带喊地说："你这么厉害，打死我吧！打死我吧！"我这才害怕了，躲进自己的小屋……

　　我苛刻地看着世界，感到很孤独，于是在日记里发泄苦闷，解剖自己，寻找答案。我给远方的同学写信说："我对自己很满意，对周围不满意。"

　　就这样，整个青春期，我好像都在叛逆着，感觉自己与这个世界格格不入。在迷茫中不断犯错，不断纠正完善着自己，同时增强了对假恶丑的心理免疫力……

　　随着成长、成熟，我才明白：世界本不完美，要求完美很累；理想主义固然可以，但理想和现实距离很遥远，社会和现实远不理想，必须客观正视。人无完人，不能苛求，不能勉强，不能要求人理想化。你可以心气高，但不能因此执着，否则达不到，只能烦恼痛苦，不如让一切顺其自然。然后，自己的修养和境界，才会一步步提高。

我想，所有一心向善的人，在他的成长过程中，都会自觉提高修养，随着阅历的增多，随着人生的磨砺，逐步修养自己，丰富内涵，提高境界。

如果说人分三六九等，那么区别不在权位高低、是否富贵，而在人品和境界。

境界高的人，站得高，看得远。但表面看去，他很平常，谦卑低调，并不自以为是。因为他经历得多了，更明白事理，更看到自己的局限和力不从心，于是更谦虚客观，修养日深，海涵越多。

修养是我们由来已久的传统，它既是自我要求，又是自我规范。《道德经》说："孔（大）德之容，惟道是从。"道是始，也是终，而德，是道之外化。道为体，德为用。《礼记》说："自天子以至于庶人，皆以修身为本。"上自君主，下至百姓，都以德为本。这种氛围，使修养自我、做好一个人成为最基础的人文教育。以德为本，是先人的追求，是延续几千年的传统，它成为中华文化最温暖、最本质的力量。

儒家的"仁义礼智信"，正是道德的外化和规范。有礼有义，必然道德庄严；有道之人，必然有礼义之信。修养好自己，才有治国平天下的境界。此中有深厚的文化传承和自身逻辑，并自成体系。当下中国出现很多问题，正源于此体系的中断。

有境界的人，都是道统的维护者。

曾国藩可谓道德功名集于一身的典型。他是个坚守道统的儒生。他一生严苛地修养自我，求功业，但不为功利所缚；重名节，但不为声名所累。不遇时，他"潜居抱道，以待其时"；得遇时，他应时而动，抓住属于自己的时代；功成身退，知足知止，进退自如，一颗平常心，明达智慧。对己对人，都留有余地。

提出"人生三境界"的王国维，他个人的心路历程就经过了这三种境界，最后达到最高一层境界。而他最后为何跳水自尽？恐怕也是对道统和文化人尊严的维护。其境界，非一般人所能理解也。

今天的中国，利己主义甚嚣尘上，前所未有地漠视道德、修养，由此带来文化的假性繁荣，价值失落，教育功利，文脉中断。结果是，无论个人，还是民族，都精神空虚，缺少安全感和凝聚力。

一个人，不修养，难有高境界；一个民族，不修德，必失去灵魂，何谈强大？我们呼唤道德精神的回归。现实虽然残酷，但我相信：仍有人在坚守道统，安贫乐道。他们或者和光同尘，隐于民间；或者站在人生边上，隐于山林。我相信，他们是真理的占有者。

想提高修养和境界，可从以下几方面做起：

◎善于体验和感悟生活，接受生活的各种考验，自觉磨砺自己，总结经验，吸取教训，不断完善自己，修养自己，丰富内涵，提高境界。

◎纵使经历失败和苦难，也不失去对自己的信心；纵使遭受陷害，也不失去对人心的信心；纵使活得艰难，也不失去生活的热情。能吃苦也能享受人生。

◎重视道德修养，从传统文化的儒、释、道、佛中吸取力量，学习其中的精英人物。

◎坚守人性中的善，一心向善，与人为善，择善而从，追求真善美，远离假恶丑。

◎有自己的爱好和情趣，追求生活的高品质、高格调。同时，也以此调适自己，缓解压力，从生活的忙累中适时抽离出来，享受一份自我和闲适。

◎经常阅读一些古诗词，可陶冶人的性情品质，提高审美和境界。

其实，无论社会如何，都不该影响我们活出自己的精彩；无论我们多么平凡，都不影响我们活出自己的境界。

3.独立不倚

很喜欢"独立不倚"这个词，喜欢它里面透出的那份尊严和骨气、那份自由和坚强、那份人格的独立。

人活着不易，没有谁是一帆风顺的。出身不同，起点不同，走过长长的一生，结果自然分出高下。不论你有没有根基，最终靠的是自己。说到底，人生的唯一依靠是自己，人生的终极关怀是自己。

因此，独立不倚，不只是一个人的可贵品质，也成为个人生存的必备能力。

我少年时看书，经常被书中那些自由独立的灵魂吸引，为之叹服不已。我甚至十分喜欢古代士大夫的那份孤芳自赏、洁身自好、不向世俗妥协的清高不群。李白的狂放不羁，屈原的孤傲，自有他们的道理。我以为，一个高傲但不失真性情的人，比起假道学倒更加可爱。一个人清高，不是他瞧不起谁，只是他对自己有更高的要求，不想让自己流于凡俗，他要有更有尊严、更高贵的人生。

人活在世上，最难得是一股气，或志气高昂，或洒脱自在，最重要的是不失自我和骨气。知识分子的清高，是值得赞许的。庄子"遗世独立"，傲然与天地合一；孔子"安贫乐道"，"富贵于我如浮云"；孟子"舍生取义"，保持"大丈夫"气节；陶渊明不为五斗米折腰，辞官归田；李白蔑视权贵，潇洒如仙；胡适"宁鸣而死，不默而生"；陈寅恪主张"自由之思想，独立之精神"；梁漱溟坚称"三军可夺帅，匹夫不可夺其志"……中国士人的独立不倚精神，一脉相承，是中国文化的精髓所在。他们是精英，是中华民族的脊梁。

孟子曾说："古之明君，因追求道德而忘记自己的尊贵；古之君子，却不屈尊。因为他们心中装着至高无上的大道。君王如果不待君子以尊敬之礼，君子就避而不见。见君子都难，如何得其辅佐？"君王以道德重视君子，君子以道德自重。上下尊重，人人自重，形成道统。

孟子鄙视纵横之术，以其为偏邪之道，而坚守道义，不苟且，保持人格独立。

战国的游说者，为谋个人发展，多屈身于诸侯，而孟子坚守道德，以个人气节和操守为重，于是不免寂寞。

学生不解地问："先生这是何苦呢？"

孟子说："我并非不想施展抱负，济世为民，但考虑到节义，就不去了。君子的出处进退，要有所坚守，绝不苟且屈节。君子进退取舍，想的是节义，而非利益。"

孟子自己的确做到了"富贵不能淫，威武不能屈，贫贱不能移"的大丈夫气概。真君子不为名利屈尊，降格以求，向现实和权贵妥协，失去独立人格。

精英身上的独立精神，让人仰视，我等俗辈，虽不能至，但心向往之。

或许是从小受到这些知识分子的影响，或许天性中的一点倔强，一直以来，我很看重自己的独立人格。纵使现实复杂残酷，纵使我再被动，我也没有附庸，因此吃过不少苦，但问心无愧。时至今日，已年近不惑，虽没什么大成就，但以不失独立和自我而骄傲。

我自己靠本事吃饭，从不巴结上司，也最看不惯巴结趋势的人。一旦发现上司喜欢奉承、亲小人，或者独裁专断，压抑个性，我就不买账，甚至故意忤逆之。我心直口快，不受气，也见不得别人受气，如有看到某个同事受欺负，我会仗义执言，与之同道。这么多年来，无论我在哪个单位，上司们都还器重我，只因我正直不阿。如果我发现上司人品不佳，不等他不喜欢我，我先瞧不起他了。

曾经有个女上司，说是某省组织部出来的。她开始对我很重用，破格聘任我。但她专制独裁，限制下属的自由，所有下属必须唯她是命，必须围着她转。我十分反感，不屑与之为伍。她发现后，就故意打压我，处处与我为难，我忍受但不屈服，与之暗暗较劲，想一较高低。但最后她使出了小人招数，我忍无可忍，结果不欢而散。我想，自称强大的她，大概也没遇到过我这么"不服管"的员工吧？在她眼里，她是老大，手下必须无条件服从。只可惜她看错了我，我不是不服管，只是不想被逼着管；我不是散漫自由，而是有自己的独立意识，不想做没有个性和尊严、如奴隶一般的员工。道不同不相为谋，我选择离开。后来想想，她需要的只是没有个性的听话的下属，她需要的是一颗颗石子，为她的成功奠基。

我并非恃才傲物，只是不想失去自我；我也要生存，但不会因利益屈服；我很平凡，但却不想附庸；我不是难以相处，只是不想趋奉，也不想盲从地做墙头草或和事佬，不想窝囊着活，在无谓的人和事上浪费我的时间。我最瞧不起一些人，工作中不务正业，成天搞人事斗争，以投机钻营为能事。

我平生只求过一次人。我爸爸住院时，医生说没床位，但其他有关系的都入了院。情急之下，我多次求一位老专家："我没有钱，也没有权，只有一颗做女儿的心……"老专家最开始不为所动，后来念我一份孝心，为爸爸安排了床位。

人情练达不是不懂，逢场作戏不是不会，只是不屑为之。我只想不失自我地活着。如果说这是一种任性，那么我宁愿这样任性，也不愿低眉弯腰事人，苟且偷生。

我妈妈有一次说我："宁可站着死，不愿坐着生。"我听了十分感动，心想：知我者，母亲也。

我很平凡，也很脆弱，但却不想软弱地活，我相信只有独立自由，才不会被流俗淹没，才能拥有做人的尊严和力量。

社会和人心都复杂，人生有很多无奈，很多时候，为了生存，我们很被动，不得不以社会的标准要求自己，失去自我独立和自由，甚至失去做人的底线，让自己变得面目全非。而一旦向社会妥协，就被同化，走向平庸，同流合污。从此，你的人生再不是曾经梦想的那样了，就算得到所谓的名利，但已失去自己。

在中国，个性常被视为异类，被孤立、挤兑，这是个人的悲哀，也是社会的悲哀。一个人缺乏独立，不会有个性和能力；一个团队失去自由，不会有生气和创造力。当独立不倚被视为异类，当个性被扼杀、集体沉默失言时，也是最危险的。

其实，每个人身上都有独立和自由的精神。谁没有自尊呢？谁不想活得独立自由呢？谁想委曲求全呢？区别在于你是多大程度地坚持独立。

恐怕很多人也私下讨厌自己：自己不再是自己。那么，如何保持独立不倚呢？不妨从以下几方面做起：

◎你是天下的唯一，无人可代，所以要坚持自我，保持自信，不因别人的否定或者失败而丧失自信。

◎坚守节操和独立人格，保持自由的思想和独立的精神。

◎不为困难所迫，不为利诱而失去自己做人做事的底线和原则，
　被人左右。

◎不趋奉，不附庸，不盲从，不向流俗和时风妥协，与人群保持
　一定距离，保持自己独立的姿态，这不是清高，而是保持内心
　宁静和清醒，以审视自己、社会和人生。

◎经常看一些精英知识分子的书籍，接受精英文化熏陶，培养追
　索真理的精神。

◎不要有外在的骄傲和清高，但一定要有内在的傲骨和倔强。

　　没有什么比自由更宝贵。我们孤独自由地生，最后孤单自由地
死去，中间的过程，我们也该不失自由独立地活着才好，这样才洒
脱开心。否则，一直被动地为外物所左右，不仅非己所愿，还浪费
生命。何苦呢？

　　俗世是可爱的，但也是可怕的，它会使人流于平庸；与人打成
一片固然亲切，但容易把自己同化。真理往往不在人多的地方。所
以，我们有必要与人群保持距离。

　　独立不倚，才能活得有力量、有存在感。当你独立不倚，当你
有勇气脱离流俗时，才能吸引人，脱颖而出；当你独立不倚，才能
战胜一切考验，真正强大起来，活出自由。

4.心有敬畏

古人说："君子有三畏：畏天命，畏大人，畏圣人之言。"对上敬畏天，对下敬畏地，中间敬畏父母、君主、圣贤。

天地和父母生养我，圣贤君子启悟我，所以要敬畏。因为有敬畏，所以法天郊地，追求天、地、人合一的境界；因为有敬畏，所以事亲以孝，慎终追远；因为有敬畏，所以知尊卑高下，向贤人君子学习，见贤思齐。

敬畏是先人观察天地的智慧感悟。心有敬畏，才能做到顺道而行，不忘根本，不失本真。

小时候，家里书架上有《道德经》《论语》，以及很多版本的唐诗宋词，我信手拿来，看不大懂，但对那些传统的理念，如"顺道而行""法天效地""天人合一""慎终追远""道法自然"等，有一种天然的喜欢和亲切感。长大后，我对这些理念更加深信不疑。而对于传统的经典，我读起来也毫不费力，更陶醉于其中的诗意和美感。我的思维方式也似乎是古代的。为此一位朋友说我："你是现代的传统人、传统的现代人。"对此，我不否认。所以，我一直觉得，自己是地地道道的中国人。对于传统文化，我心存敬畏。

说到敬畏，人应当首先敬畏生命。传统文化中，"死"与"生"相连互转——对死的缅怀，就是对生的思考。所谓"慎终追远"，就是在追思缅怀中遥想未来，追问生命的终极意义和价值。所以，古人不吝以隆重的仪式、繁冗的活动，在庄重又热闹中，对生命进行一次善始善终的梳理和畅想。基于这种对生命的认识，才产生了浓厚的根祖意识、家族和民族意识，以及孝文化。

比如清明节，有追思亡灵的悲哀，但同时充满诗意哲理，体现古人对诗意人生的追求。阳春三月，东风温软，惹人臆想；万物复苏，枯木荣发；花红柳绿，踏青咬春；细雨霏霏，寒食烟火……在如此诗意的季节，我们郑重地过一个隆重的清明节。这是慎终追远，在新生萌发的时节，再次梳理对生命的认识。

老祖宗告诉我们：新春到，勿忘先人，追思生命；人生短暂，韶光易逝，且行且珍惜，勿忘来时路。只有明白来始，才能知道所终。

我时常感动于清明节的美，认为它体现了先人对生命的敬畏，是真正地懂得生命。

其次，还应该敬畏上天。人是万物之一，也是大自然的产物。所以要遵循天道，顺道而行，法天效地，天人合一。

生命有限，能力有限，而知识无涯，真理无穷。天地宇宙浩渺，人外有人，天外有天，个人何其渺小！有何资格骄傲？人又怎么可能"人定胜天"？我对"人定胜天"这个词十分反感。相反，我对"天人合一"这个词心存敬畏，这个词本身很有道理，体现了人对上天的敬畏。

不敬畏上天，该有多么可怕。纵使科技和文明发展到今天，人类已登上月球，也不敢说人定胜天。与天为敌，只能遭到天谴，我们以发展经济为名而导致自然生态遭到破坏，不正是自作自受吗？

我越来越感到老祖宗的高明和智慧，他们懂得向天地学习，追求天地人合一的浑然状态，那才是人类真正的理想生存状态。

第三，还要敬畏大人君子，就是敬畏父母尊长、领导上司，因为父母生了我，尊长、领导的辈分、资格长于我，他们当受到尊重。而君子，作为人中之英杰，因其品如兰芝，香芬四海，惠泽普度众生；他们的人品道德，代表了至高无上的大道，所以值得敬畏和尊重。

人只有心有敬畏，才能上尊天道，中循人道，下法地道，顺道而行，尊重真理，把握规律，做自己所能做之事，在谦虚中获得进步。如老子所言，强为不如无为。

心有敬畏的人，法天效地，乐天知命，道法自然，追求天人合一；敬事父母尊长，知礼崇卑；慎终追远，珍爱生命；内外兼修，完善自我，谦卑知足。

先人告诉我们：敬畏就是向天地学习，向尊长学习，向圣贤学习，谦虚笃学，精进修我，体悟人生，完成个人的使命。

心有敬畏最直接的表现就是谦卑低调，不张扬，这是做人的修养和智慧。越高明的人越谦卑。这里分享一则孔子的故事：

孔子和他的学生到鲁桓公庙，看到摆放的欹器。

孔子问守庙的人："这是什么东西？"

回答说："这是放在座位右边的器具。"

孔子仔细看了看，又问："听说这东西空着的时候是倾斜的，装一半水就立起来了，而把水装满就会倾覆，是吗？"

他的学生试验了一次，果然如此。

孔子感叹地说："哪有水满而不倒的呢？"

学生子路问："如何能让它保持盈而不倒呢？"

孔子说："聪明人以老成持重保持聪明；功满天下者以谦卑低调保持他的功德；勇力超群者用谨慎细心保持他的本领。"

骄即盈，盈即满，满则溢，溢则损。所以满则溢，盈必亏。

只有心存敬畏，才能做到不满不溢，不盈不亏。可从以下方面做起：

◎明白自己是大自然的一分子，所以要敬畏上天、父母尊长、圣人君子。

◎明白自己只是浩渺宇宙的一粒微尘，生命和能力都有限，有不能及，有无奈，所以谦卑做人。虚怀若谷，海纳百川，才能获得丰富。

◎纵使成就非凡功业，也要戒骄戒躁，谦虚谨慎，以防得意忘形，失了根本，走了极端，失了平衡，自取灭亡。

◎纵有再高的才华，也不可恃才傲物，锋芒毕露必自毙，因为"木秀于林，风必吹之"，枪打出头鸟。

◎保持低调，绝不张扬。心中的骄傲和自信不外露，做事做人最好都低调。也许你无意抬高自己，贬伤别人，但要明白：你的个性和才华，你高调的自信和洒脱，往往会伤到别人。

◎学会自保。老子说"大智若愚""和光同尘"，道出的是事理，也是做人的智慧。"上善若水"，学习水，利养万物，低调谦卑，不与人争，能进退曲直、上下高低，看似软弱，实则弹性十足，坚不可摧，强大无比。

◎有自知之明，不自以为是，不好为人师，不强加于人，向所有人学习，完善自我，择善而从。

敬畏和谦卑，不是生而有之，也有个认识和学习的过程。很多道理，只有经历、体验过，伤过、痛过，才能领悟到，敬畏也是如此。

人最大的毛病就是自以为是，以自我为中心，总是站在自己的角度看人看事，所以总犯想当然的错误；加上好为人师，总想教育人，把人拉到自己这一边，所以常常聪明反被聪明误。正因为我们有爱"自我"的毛病和局限，所以突破自我很难。能突破自我的人，才能超越别人，成就非凡。

今天，为利益所驱，很多人失去信仰，心无敬畏，伤天害理，目无尊长，冷漠圣贤，自私到损人利己，狂妄到无法无天，法律尚且不顾，更哪来道德底线？这样没有敬畏，迟早会自取灭亡。

心无敬畏，与其说是狂妄自大，不如说是素质低下。素质高而懂得，才敬畏；素质低而浅薄，才狂妄。前者温和，后者冒进。因温和而有弹性、韧性，因冒进而极端、灭亡。

心有敬畏的人，他心中自有骄傲和自信，但外表和颜悦色，有个性但和光同尘，不失自我但不给人以距离感。所以他能保全自己，避嫌疑，远纠纷祸患。

因敬畏而谦卑，因谦卑而卓越。

5.自尊的力量

人都有自尊心，只是程度不同。自尊是自信、自立、自强的前提。

人活在世上，凭什么让别人认可你？首先是要自尊自重。只有把自己当回事，对自我有期许和要求，才可能提高自己，得到别人的认可和尊重。人生的过程，就是证明自己的过程。证明了自己，人才有尊严和存在感。

自尊心强的人，自我意识强，要人尊重；要强，自觉努力，以实力培养自信，并证明自己、实现自己，满足自尊，并得到别人的尊重。

古语说，"君子自强不息"，君子志存高远，自觉地在提高自己能力的同时修养道德，培养独立人格，让自己德才兼备，成为杰出人才。

自尊与人格相连。伤人自尊，等同于冒犯人格。只有人格独立，才有尊严可言；人格不独立，往往失去尊严。

人都有自尊，人的尊严神圣不可侵犯，倘若尊严受到伤害，那么人格必不保，作为人的存在感受到严重挑战，也就没什么意思了。

　　饿死不吃嗟来之食的伯夷、叔齐，宁死不屈跳江而死的屈原，牧羊外邦而不改其志的苏武，不与世同流合污宁愿退守山林的陶渊明，宁死不愿失去学术和人格自由的陈寅恪……他们都是人中君子，宁死都要维护人格尊严，无畏无惧。他们的这种精神十分可贵，已成为中华民族的精神品格，流淌在每个炎黄子孙的血脉里。

　　最不能伤害的，是一个人的自尊。最大的罪过，是伤害人的自尊，这不可原谅。伤人自尊，会让人记恨一辈子。

　　当自尊被冒犯时，我们当然要维护。

　　我从小很调皮倔强，不是那种乖顺的女孩，而且自尊心、自我意识很强。

　　初中一年级时，我从外地转学到一个新的学校。同桌的一位男生很调皮，大概是看我是新来的，看上去愣头青的样子，所以想欺负我一下。一次，他故意占了我的课桌一部分，找茬寻事。我虽是女孩子，自小可是个孩子王，还没受过欺负呢！虽然我新从外地转学过来，对环境不熟悉，心里有些犯怵，但面对别人的冒犯，我一点不甘示弱。我心想，你一个小个子男生，还不如我高，我会怕你不成？

　　看他把书本推占到我的课桌上，我不客气地推过去。他又推过来，我又推回去。这样反复几下，然后对骂起来，紧接着大打出手。他机灵地拿起桌上的文具盒，向我的头敲过来，我摁住他的头，直接往墙上咚咚地撞去……

　　有同学立即告到班主任那里。我俩被叫到办公室，班主任勒令写检查。

　　说起来我俩打了个平手，但我就是觉得委屈不平，要以自己的方式出口气。于是，我把检查书写成了"控诉状"，详细记述了打架的经过，说同桌是欺负我。我还大胆地指出老师的错误：我没有错，不该让我也写检查。班主任看了我的检查后，大概有感于我的文字，在后面批语道：你是一个自尊心很强的孩子。

班主任好言好语教诲我一番，并狠狠批评了那位男生。班主任教育我不能太任性，说："你不是也动手了吗？动手就不对。"可我心里还是不服气。那男生敲了一下我的头，可我何曾挨过打呢？此后，虽然班主任对我也还不错，但我从此不再喜欢她，直到现在。

虽然我有些任性倔强，也动手了，但是我是正当防卫，别人打我，我为什么就不能还手呢？我凭什么要受你欺负？不行！那时，我刚转学，心里有些胆怯甚至自卑，别人对我的好与坏，都会对我敏感的心产生极大的影响。

自尊是高贵的，不容伤害，每个人都要理直气壮地保护自尊。当然，不能以维护自尊的名义而任性无理，或者固执己见，知错不改。

然而，如果太过强调自尊，自己容易受伤，还会伤了别人。比如，人家说你一句，本来是善意的，你反以为是冒犯，这样就不好了，还怎么友好相处？太过强调自尊，不是自满就是自卑——听不进一句批评，不是自满固执吗？面对批评，小心眼儿，怀恨在心，动辄与人闹别扭，不是自卑吗？自满和自卑，都会让人变得狭隘，少宽容。

太过强调自尊的人，往往要求完美，无论对自己还是别人，都要求苛刻，给自己和别人造成压力，这就是勉强了，会很累。

自尊需要保护，也需要良性的发展，否则就会步入歧途，容易走歪了。比如，有些人给人的感觉不自重，寡廉鲜耻。我想，不是他们没有自尊和廉耻，可能他们受了不良的刺激，故意以此方式面对他人和社会，以证明自己的存在。或许他们是在自暴自弃，或者以一种恶的方式报复社会。

孟子说，"人必自侮，然后人侮之"，自重才能得到他人的尊重，不自欺才能不受欺。你只有要强进取，别人才对你有信心。自己不想平庸坠落，就没有人能逼你平庸坠落。

没有人会视你为永远的敌人，人最大的敌人是自己。你不放弃自己，就没有人会放弃你。自重才能自强。那些成功者是怎么成功的呢？主要是他想成功，他自重要强；他要成功，为此他铆足了劲，力争上游，最终脱颖而出。所以，自尊与梦想一样，是一个人成长和成功的最根本动力和源泉。利用好你的自尊，自尊就是力量；利用不好，自尊就会拉你的后腿。

那么，如何利用好自尊呢?

◎永远保持自我、自重和自信。不管社会如何同化甚至腐蚀你，你都不要失去自我；无论别人多么看不起你，你也要保持自重；不管你有多少失败，也不能不自信。

◎或许在某个时候，你不如别人，自觉很渺小，很自卑，人前抬不起头来，但只要没失去梦想和进取心，那么，你不妨利用这种自尊，激励自己以奋发的力量，赶超别人，扬眉吐气。

◎记住那个曾伤害你自尊的人，不是为了报复，而是为了让他时不时地激励自己，自强不息。

◎永远维护自尊，但不要因为自尊固执己见，听不进别人善意的建议和批评；不要因为自尊而苛求自己和别人，给自己和他人压力；更不要因为保护自尊刻薄他人，让人感觉你小心眼儿，难容人。

◎由自尊自爱，推己及人，有能力尊重、关爱他人，内心阳光，并以此温暖他人。

◎把自尊与梦想相连，让它们共同激励自己，力争上游，证明自己，实现自己，高扬起自己的尊严。

自尊固然可贵，不该受到伤害，但社会是复杂的，更是现实的、势利的，在你什么也不是的时候，没有人会顾及你的自尊和感受，所以我们的自尊受伤害是常有的事，不必太在意。只有当你成功了、强大了，你的自尊才会受到尊重，你才会受到瞩目，才能实现更有尊严的人生。

让自尊发挥最大的力量，推己及人，尊重他人，那么，人人爱我，我爱人人。

6.修养大胸怀

以前，我喜欢清高的人，因为他们看去很完美；但现在，我更喜欢胸怀豁达的人，因为他们让人觉得放松、舒服、温暖。

一个人品好的人，不一定有胸怀，他可能是眼光挑剔的。而一个心胸宽广的人，必定人品好，而且与人为善。

我曾经追求完美，对己对人都有些挑剔苛求，看到别人的一点错，就表示鄙夷，不能原谅，待人接物不能令彼此轻松。如此，给自己带来很大痛苦，也让人有距离感，难以接近，甚至好心办成坏事，得罪了人。随着成长，我才明白，世界本不完美，人无完人，又何必苛求？何必活得这么累？因为苛求，不能善解人意，不能厚待他人，失了风度，也显得小肚鸡肠，没有胸怀。

如今，我更明白，一个人的修养高低，最根本地体现在他的胸怀大小。

胡适有句话："我受了十年的骂，但从来不怨恨骂我的人。有时他们骂得不中肯，我反替他们着急。有时他们骂得太过火，反而损害骂者自己的人格，我更替他们不安。如果骂我而使骂者有益，便是我间接于他有恩了，我自然很愿挨骂。"

胡适是"五四"时期新文化运动的领袖人物，开一代新风，影响巨大，但同时他遭受的误解甚至谩骂也不少。胡适为人谦和，温文尔雅，为人有雅量，对于批评和谩骂，向来一笑了之，一派君子之风。他还有句名言："做学问当在不疑处有疑，交朋友要在有疑处不疑。"因为他的大度，他拥有很多朋友，当时就有"我的朋友胡适之"的说法。

由胡适和鲁迅的关系，可见他的胸怀。

"五四"之后，鲁迅和胡适这两个文坛健将，产生了思想分歧：胡适以文化学术为己任，鲁迅则走向文化为政治服务的道路。

1924年4月，泰戈尔访华，胡适、林长民、徐志摩等人热情相迎，鲁迅却不以为然，专门写《骂杀与捧杀》进行冷嘲热讽。胡适没放在心上。

1926年左右，鲁迅在和陈西滢口诛笔伐时，又"斜刺"胡适，但胡适还是不做反应。他反而写信给鲁迅、陈西滢和周作人，希望他们和好。1931年底，蒋介石召见胡适，鲁迅在《知难行难》中讥讽胡适为"巴儿狗"。1933年3月，鲁迅又发表《出卖灵魂的秘诀》，直接骂胡适："胡适博士不愧为日本帝国主义的军师。"

鲁迅如此不放过胡适，胡适却从不理会。不但如此，在鲁迅死后，胡适极力维护鲁迅的声誉。

1936年11月18日，鲁迅去世不久，一直崇拜胡适的女作家苏雪林就撰文攻击鲁迅为"刻毒残酷的刀笔吏，阴险无比、人格卑污又无比的小人……"胡适却正言批评她说："凡论一人，总须持平。爱而知其恶，恶而知其美，方是持平。鲁迅自有他的长处。如他的早年文学作品，如他的小说史研究，皆是上等工作。"

许广平曾就《鲁迅全集》出版一事求胡适帮忙，请他介绍给商务印书馆出版。胡适"慨予俯允"，他把写给王云五的信交给许广平。因为他的引荐，王云五才爽快答应出版。许广平致信胡适，感谢他的"鼎力促成"，说"功德无量"。

多年后，胡适在台湾还不忘肯定鲁迅。1958年5月，他在台北作《中国文艺复兴运动》的主题演讲时，仍然说："在'新青年'时代，鲁迅是个健将，是个大将！"

面对鲁迅直接、间接的讥讽谩骂，胡适一笑了之，从不回应。两人的胸怀和修养，高下一比即知。没有原则问题，坦荡的胡适总是坚持"容忍比自由更重要"。

胸怀是什么，就是包容。包容有大有小。小的心胸狭窄，只容自己；大的可海纳百川，不拘细流。胸怀小，只能是小肚鸡肠，难成气候；胸怀大，虚怀若谷，自然成其大。

真正的大胸怀，来自于内心的坦荡。孔子说："君子坦荡荡，小人长戚戚。"君子不忮不求不贪，清心寡欲，淡定从容，超然有度，他的胸襟如春风拂面，温暖舒适，像皎洁秋月，光辉可鉴；小人私心杂念太多，凡事顾念个人利益得失，喜欢斤斤计较，内心阴暗猥琐，难以容人，以构陷他人为能事。

所以，坦荡是君子和小人的区别所在。君子因坦荡而问心无愧，心安理得，"不做亏心事，不怕鬼敲门"。

而坦荡来自哪里？来自于对真理和道义的追求。君子"忧道不忧贫"，为道义，他能安贫乐道，不与人争；胸怀坦荡，别人怎么看他，他不介意；无论得失成败，都能乐观以对。这就是胸怀，也是修养。

一般人，难以有君子的胸怀。因为自私和欲望，我们总是站在自己的立场看问题，喜欢强加于人，好为人师，把别人拉到自己这一边，却很少考虑他人，难以理解他人，更难善解人意，更不要提原谅他人了。

如果一个人能自觉地做到"己所不欲，勿施于人"，那么，他就真正做到善解人意、提高修养了；如果一个人真正学会了原谅，那么，他的胸怀自然就会宽广豁达了。

可惜，这样的人太少了。社会上不仅充满竞争，更充满互相计较、斗气、负气，彼此不原谅，隔阂与仇隙从此产生。我们总爱说："那个人太自私，为什么不想想别人呢？"说这话的人，其实最应该问问他自己。

很多嫌隙与计较，源于名利之争。那么，如果少些自私，多些达观，是否就会少些矛盾？人人能以德自律，以道义为先，那么，即便心胸狭小的人，也会日益变得豁达起来，做到心怀坦荡，活得自由从容。

正直的人，他维护自我尊严和人格，不为名利物质所惑。其实，这是一种对己对人负责任、有担当的活法。胸襟坦荡，有情有义。

世间的人和事错综复杂，如果不能包容，会把肚子气爆；如果心怀不坦荡，一颗心会纠结死。所以，我们最该修养的就是一颗宽大的心：包容坦荡。

能包容，就不会跟别人过不去；能坦荡，就不会跟自己过不去。能包容坦荡，自会多一份豁达超然，坦然应对生活。无论成败得失，无论幸与不幸，都能坦然面对，能吃苦，也能享受人生。积极进取，又不勉强为之，永远一派乐天。

这样，才能活得快乐潇洒，干净轻松。

包容和坦荡二者结合才好。光包容不能坦荡，就不够透明纯粹；光坦荡不能包容，就未免狭隘。

有些人坦荡，但不善于包容，不讲智慧，结果吃亏。你坦荡正直吗？很好。但如果你不善包容，表现得太直太硬，好义气之争，不顾他人感受，不讲方法，不善自保，就容易被误解，得罪人。爱憎分明，有副热心肠，很好，但如果不讲方法，好心未必办成好事，如果有小人作梗，结果会更糟。所以，坦荡不能太暴露，爱憎不能太分明，先包容着，滋养着，才能足以应付小人。所谓"上善若水"，是要学水之包容婉曲；所谓"外圆内方"，是说做好人要自保；所谓"避嫌疑"，察观色，是说要认识到现实的复杂性，学会避害。直路虽简短易行，但往往不通，唯有曲径才能通幽境。心有不平时，仗义执言时，要讲究策略，注意方式。

所以，内在的坦荡要以外在的包容为外衣，即要有宽容豁达的胸怀。

具体说来，我们可从以下几方面修养胸怀：

◎认识到世界并不完美，人无完人，不苛求自己和他人，多看他人的优点，择其善者。

◎学会换位思考，多站在他人的角度看问题，做事顾及他人的感受，学会善解人意。

◎做人不能太自私，不是自己的，不要伸手；"己所不欲，勿施于人"，不要强加于人。

◎追求真理和道义，老老实实做人，认认真真做事，光明磊落，心怀坦荡，活得从容自由。

◎减少欲望，看淡名利，怀一份超然的人生态度，减少名利纷扰之痛苦，活出洒脱。

◎客观看待自己和别人的错误，学会放下、原谅，不为此耿耿于怀。

◎心胸狭隘难成才，有容才能成大器。

◎对好人包容，对小人也要包容，只有先包容小人，才能打倒小人。

修养深厚的人，心怀大慈悲，能包容；修养深厚的人，心底大无私，胸怀坦荡。既能悲悯包容又能坦荡无私，这样的人，就真正做到了超凡伟大。

7.活出"我"的风格

　　我理解的风格，是个性，也是人格。不同的个性和人格，产生不同的风格。以一种什么样的姿态生活，就会产生什么样的风格。

　　个性是风格的表层，人格是风格的里子。个性可以丰富多样，而人格，只有优劣之别。人格优质的人，不仅有自己的个性，更有自己的生活态度和原则操守，不会随波逐流。

　　有风格的人，个性鲜明，给人印象深刻。从个性气质，到做人做事的方式原则，有自己的一套，不随便向人学习，也不为人左右。而且其风格始终如一，一以贯之，最终形成个人魅力。这魅力增加他的光辉，助益他的成长。这样的人，有足够的力量完成自己的人生。成就非凡者都风格独特，高标独立。

　　没有风格的人，往往流于平庸。每个人都有自己的个性，都是天下的唯一，谁不想活出一个成功而独特的自己呢？

　　风格像一团气，保养着自己，也吸引着别人。它既是内涵，又是气质。有了它，你就会光彩照人。做人要有自己的风格。一直欣赏民国女子林徽因，她既传统又现代，既高贵又朴素，既温婉又坚强独立，既有个性又有才华，既浪漫又理智，忠于爱情更忠于家庭，爱自己更爱事业，爱美更爱自由……一个有自己风格的美丽女子。

风格不是天生的，不是刻意为之，也非一朝而就。在我看来，主要有以下几点：

◎爱自己，坚持个性，永远不失去自我。每个人都是这个世界独一无二的存在，所以要爱自己，尊重自我，发扬天赋才华。在竞争的社会，没有个性，何来风格？凭什么脱颖而出？

◎认清自己，明白自己想要什么，需要什么，怎么做，往何处去。认识自己很难。人生的过程，就是认识自己的过程。为此要自觉审视自己，不断提高自我认识，同时不断完善自己，纠正缺点错误，战胜自己，从而完善并强大自己。

◎坚持独立的人格和操守，有尊严、骨气和气节。重人格，珍惜自己的羽毛，要面子，重名节，为此"富贵不能淫，贫贱不能移，威武不能屈"，如伯夷、叔齐饿死首阳山，不吃嗟来之食；陈寅恪宁死保持自由独立，贵在尊严不倒，精神独立。

这样的人，追求道义和真善美，不媚俗，摆脱低级趣味，活出纯粹而高品质的人生。很多时候，人格体现为气节。气节于自己，是铮铮铁骨，是不倒的脊梁；对民族、对国家，就是爱国情操、民族大义。

人格体现了一个人的尊严和存在感。每个人的人格都是高贵神圣不可犯的，伤害不得，伤了人格就伤了根。自己不伤害别人的尊严，也不允许别人伤害自己的人格。

高尚的人格源于向真向善向美的心灵，择善而从，见贤思齐，修德立身，完善自己。有人格操守的人，做事光明正大，得到尊重。

◎坚持初心，不改其志，始终如一，不向社会妥协而随波逐流；不因成熟而变得世故圆滑；不因进入社会而失去青春的理想情怀，丢掉自己最初的人生梦想，向社会拱手妥协，人云亦云，做墙头草、和事佬，从众附庸，甘于庸俗。

所谓"抱朴守一"，即守住本性中的淳朴、天真，回归自然，让精气神在虚静中畅通，心生定力和智慧。而且一以贯之，前后统一，善始善终。回到初心，心有所守，守好心根，才能守住自己的精神家园，不失去自我，才能以不变应对社会之万变，才能保持持续的热情和力量。

◎有明确的方向，走自己的路。每个人来到世间，都有他的使命。虽然器有大小，品有高低，生命长短不一，但上天造人，各有禀赋，各有用处，所以每个人都该有一份"天生我才必有用"的自信和豪气，不可自轻自贱、自暴自弃，要活，就活出自己的样子。

向着梦想的方向走，过自己想过的生活。只要认定了，就坚持下去，不受他人左右，"走自己的路，让别人去说吧"，自己的成功之路，只有自己去创造。

◎有所选择，有所不为。面对复杂多变、多诱惑的社会和人生，要有所选择，有所不为。唯有有所不为，才能有所为，甚至达到古人所说的"无所不为"的境界。

◎好风格一定是独特的，更是向上的。风格贵在个性和独特，比如张爱玲，个性和才华都很脱俗，自卑又高傲，充满贵族气但不颓废；她以文字自立，以时尚点缀自己。爱情失意，她吞着泪，笑着画上一个圆满的句号；人生多艰，她体验着，用文字温暖自己受伤的心，照亮更多的人。

◎永远自信，永远明白自己在做什么。从不怀疑自己，不会在绝望中坠落自己；从不盲从别人，失从自我，永远保持昂扬而自信的姿态。

　　人生之路不好走，沟沟坎坎，曲曲折折，我们每个人都会有无奈、无助甚至绝望的感觉，酸甜苦辣，各种滋味要尝遍……

　　面对人生的考验，很多人茫然无措，甚至倒下了，但有风格的人，不会乱了方寸、慌了手脚，更不会逃避，而是勇往直前，他会说："让暴风雨来得更猛烈些吧！"

　　一个人，倘若有方向，有持守，并能把自己调整到最佳状态，坚持走自己的路，有饱满的精气神，那么，他是一个有风格的人，他有能力以自己的风格完成自己，完成自己有独特风格的人生。

第二章

做自己喜欢的事

1.心怀事业梦

每天，我们脚步匆匆，忙着工作，忙着生活。对我们大多数人来说，工作是为了自食其力，为了生存。

有多少人的工作就是他们喜欢的事业呢？我们工作，但工作不是我们的事业。很多人的工作就是这样，一生忙碌，忙着吃饭。这很不幸。

我们深陷在工作中，为了生存，也因为惰性——我们既没勇气放弃工作，也没勇气面对自己曾经的梦想和理想的事业。如此日复一日，周而复始，得过且过，不能脱身，就这么糊涂着活，混日子，直到终老。

或许有时，你对目前相对稳定的生活感到厌倦；或许有时，你想着"世界这么大，我想去看看"，但又没勇气重新开始。老实说，这个谁也帮不了你，只有靠自己。

青春期精力充沛，激情与梦想交辉，为此躁动不安。整个青春期，我都为梦想而求索，为此不安现状，向往远方，有一种狂妄而非凡的自我期许。我知道，我的路，在梦想所指的地方。我必须听从心的安排，做自己喜欢做的事情。

大学毕业后，作为女孩子，出于安稳的考虑，我进了国企，工作轻松。但我似乎冥冥中有种预感，我不属于这里。果然，不到两年，我已厌倦千篇一律、毫无意义的生活。虽然我当时在企业里经常参加各种演讲等文化活动，也算小有名气，领导们也把我作为重点培养对象，但我总觉得这些不能满足我。由于在报刊上发表了小文章，我更不安于现状了——我要走出去，走向更广大的天地。最终，我主动下岗，到电视台去打工。后来，又去了《山西日报》大同分社。再后来，经人介绍到了太原总部。但不到半年，我又把目光投向久已向往的北京。原因是，我一个人敢坐火车了——在去太原之前，我从未一个人到外地、一个人坐火车。当我准备好之后，我毅然卷起我的小铺盖，外加一个手提包，一个人来到北京，成为一名北漂。当时，我的同学们多半已成家，而我还在为梦想流浪。但无论如何，我按自己想要的方向走了。我对北京没有一丝陌生感，它以它广博的胸怀接纳了我，我充满力量……

在北京，我经历了很多北漂都有的艰辛。跑人才市场找工作。开始住在我们厂的驻京办，后来搬出去，独自租房。为了省钱，我住过一年多地下室，租房子时也曾遇到黑中介，深夜要将我们赶出去，如果不是新换的工作单位有宿舍，如果不是朋友帮我搬家，我可能会流落街头。我也曾经历恋爱的曲折、失恋的痛苦……但所有这一切，如今回忆起来并没有感到辛酸，或许因为我原为梦想而来，这些苦皆因梦想而起，我早已做好吃苦的准备。的确，这些苦，与我强大的梦想相比，显然是微不足道的。曾经的那些苦，在我心里多半已化为云烟。所以如今提起一切，云淡风轻。

"京城居，大不易"，对北漂而言，生活尚且不易，更何况要实现梦想呢？显然很难很难。但无论如何，我从未放弃梦想。聊以自慰的是，多年来，我一直没有偏离文化这个方向，经历种种，一步一个脚印，每一步都走得无悔。在青春的激情岁月，为了多方位体验人生，增长见识，我选择做电视台、报纸、杂志的记者、编辑。在阅历丰富、思想成熟、有所沉淀后，我最终找到真正能寄托我的梦想的职业——写书、做书。在书里，我寄托自己的梦想和情感，我在沉静与丰沛中愉快地工作，尽情释放自己的能量。

如今，八年过去了，我终于在北京立足——拥有了自己的家，生活和事业都稳定下来，我更有条件自由而愉快地做自己喜欢的事情，过自己想要的生活了。

一路走来，充满艰辛曲折，泪水与欢乐相伴。这一切，丰富了我的体验，充实了我的人生，提升了我的心智，它们都融入我的事业梦中，成为我工作的动力与源泉。

我很庆幸，自己一直坚持梦想，没有放弃；我很庆幸，自己的工作，就是我喜欢的事业。

虽然我经历不少艰辛，但整体还算幸运：可以做自己喜欢的事情，把梦想付诸工作；可以选择适合自己的活法，按照自己想要的方式生活。不过，我是经过自己的长期努力才做到的。一毕业就能从事自己喜欢的工作的人是更加幸运的，但毕竟是少数。更多的人与我一样，要经过努力打拼。

更多的人，是心里想着，但不见行动，不敢行动；或者行动了，知难而退；或者行动了，徒劳无功，不能如愿。我有个朋友，一直想换工作，但始终纠结着，经常问我的意见，我说："这个得问你自己。"她说："我羡慕你的自主和自由，可以做自己喜欢的工作。"我说："你也能够，只要你肯做，但这个完全取决于你自己，别人帮不到你。"

人生短暂，我们不必一定按书本上讲的什么对国家做多大贡献，但至少要做好自己，做一个自己对自己满意的人，对己对人均无所悔憾。世界虽然丰富多彩，但属于你的、你需要的很有限，你只需争取到自己想要并属于自己的，就已足够。生命经不起在无谓的事情上浪费。否则，活着活着就老了，到老也不知道自己的时间都去哪儿了。

最好的状态就是：我们的工作就是我们的事业，我们很自觉地"就把自己的梦想与工作连在一起"。这样，工作愉快，梦想实现，人生的幸福感才更强烈。纵然达不到，至少也要选择做自己有兴趣的工作，自觉地与梦想相连。或者，你做的工作不是自己喜欢的，但出于生存，或者养家糊口，不得不做，那么，只要你没有放弃自己的梦想，在业余的时间里充实自己的人生，那么，也不失为是有事业梦的人，你的人生也不会浪费在无谓、无意义的事情上。

做自己喜欢的工作，是幸福的，也是最容易取得成功、实现自我价值和梦想的。

没人愿意被动地工作，谁都想做自己喜欢的工作，但现实残酷，我们大多数人只能为了生活而工作。不过，好在决定权在自己手里，好在现在我们有很多的选择。问题的关键不在于你有没有办法，而在于你敢不敢放弃再重新选择。

工作也许只是为了吃饭生存，而事业要神圣得多。《系传》说"举而措诸天下之民，谓之事业"，什么意思？就是说，举措之间，能使社会得到安定，这就是我们中国人眼里的事业观。换句话说，就是做不光一个人吃饭的事情，要为更多人的幸福生活而努力工作，就是一种神圣的事业。

可见，事业不只是自己的事，它关系到他人和社会。工作与吃饭有关，事业与梦想有关。成就事业是功利，但其价值超越功利。事业的神圣感给人超越吃饭的精神满足。而且，好的事业不仅令自己受用，而且光照他人和社会，并有流传价值，影响他人和社会，影响深远的，从几十年到上百、上千年，比如孔子、孟子等圣贤，做的是千秋事业，功在当代，利在千秋。

好的事业流传的是什么呢？正是一个人的事业梦中的精神钙质，它的生命力强大，而且有普世价值。不是指孔子有三千学生，讲了多少课，而是指他的思想和精神，对人的影响，可百代流芳；不是指胡适获得35个博士学位，不是指他当年如何风光、风流，而是指他追求自由民主的思想，他的"多谈问题，少谈主义"，他的"不受人惑"等思想，影响深远。影响人类思想的大师们，其生命与常人一样短暂，但因其思想不朽，所以生命不朽，为人类供奉。可见，思想的力量，正是一个人生命的最大价值所在。

执着于事业梦的人，纵使吃不上饭，也不放弃梦想。沈从文在北平当北漂时，上不了大学，没学历找不到好工作，住在逼仄昏暗的小出租间里，饥寒交迫，连吃饭穿衣都成了问题，但他依然坚持着他的文学梦。他说："我来北京，不是为了吃饭的。"最终，这个倔强的湘西乡下人，用其作品征服了北平。

不吃饭也要坚持事业理想，这就是事业强人、人生强者。他毕生为之努力的，是做自己喜欢的事情，实现事业梦想。他可以为了吃饭而工作，为生存频换工作，但这一切都是为那个事业梦而服务。

事业梦的实现，当然不会一帆风顺，不会一蹴而就。但对于事业强者来说，他会上下求索，九死不悔，追求事业理想，百折不挠，努力完成。

那么，如何实现自己的事业梦呢？不妨从以下几方面做起：

◎有一个事业梦想，清楚自己的需要，明白自己的方向，为此真诚地面对自己，不懈努力。

◎做自己喜欢的事情，至少是感兴趣的事情，这样热情才高，成长才快，收获才大，才可能一步步接近理想。

◎也许你的工作不是事业，只是为了生存，但只要做了，就心怀责任，做好它。可能的话，找到做这份工作的意义，自觉地与自己的梦想相连，以增加工作的热情。

◎纵使所做的工作与梦想相隔遥远，也不要放弃梦想——你可以在业余时间发展自己的理想事业，为了梦想，也为了增加人生的快乐。

◎达成理想的事业往往不会一蹴而就，总要经历很多曲折，在这个过程中，你要沉住气，不放弃，让这一切成为你成就梦想的丰富营养和燃料。

◎做事情以是否有成长和收获为标准，而不是以利益为标准；以是否有所发挥、有所创造为标准，而不是以轻松省事为标准。做事热情真诚，认真负责，独立性和创造性强，不求结果，重在成长提高。

◎事业多磨砺，不遇时，"潜心抱道，以待其时"；得遇时，要抓住属于自己的机会，创造自己的成功。

◎在工作中找到寄托。如果你的工作无益于自己的事业梦，其意义仅在于解决吃饭问题，那么长期维持其实无异于慢性自杀。"树挪死，人挪活"，很多时候，不放弃，不尝试，就不知道自己真正的需要，看不到人生的更多精彩，也不知道自己能做什么，有多大的能量。

◎朝着一个既定的大方向走，选择自己喜欢、接近梦想的工作，努力做，一旦发现它不能满足自己，没了成长，就毫不犹豫地放弃——换新工作。如果最终发现为别人工作不能满足自己，那就自己创业——搭建一个自己的事业舞台。

◎工作可以是不稳定的，也不需要稳定，可以换来换去，不满意、不顺心、没成长就可以换，但事业一定是稳定的，一旦确定就要不改初衷，始终如一，坚持一生——因为它关系着人生走向。工作也许听从生存的需要，但事业一定是听从内心的召唤。为了糊口，工作可以忍气吞声；为了事业，不能忍耐，等不起。

事业、理想总被现实远隔着，成为我们遥不可及的梦。为了糊口成为很多人不得已的选择，而理想总被搁浅。压力重重，每天打仗似地挤公交、地铁，身心俱疲，还要面对职场中的钩心斗角。对很多人来说，工作就把人搞得心力交瘁，哪还有心思谈事业、理想？我的事业梦在哪里？大概只有午夜时蓦然想起……无论是职场老油条，还是职场菜鸟，都面临着种种困惑。

现实是残酷的。那么，我们就这样地活下去吗？如果只是为了吃饭，这么委屈自己，实在有些不值。不如听从心的呼唤，开始新的生活——向梦想的方向走去……

其实，无论现实压力和无奈有多大，但只要你没放弃梦想，再大的困难也不会成为你的阻力。

人生不就是寻找吗？找到自己。很多时候，由于迷茫、虚荣以及世俗的影响，也许我们并不清楚自己真正喜欢什么、想要什么。没关系，只要你肯努力，肯折腾，最终会找到自己的目标和方向。纵使走些弯路，也值得。很多时候，只有做了才明白。所以，趁年轻，还有劲，折腾吧！

流水落花春去也，韶华易逝。如果你的工作不能给你尊严感、满足感，那么，还要它做什么？投入到梦想的事业中，过自己想要的生活！

事业有成的是少数人，大多数人还在路上。也许我们注定平凡，但不影响我们怀抱一颗事业心，做自己喜欢的事，按自己的意愿活。做自己喜欢的事，这个过程本身就是充实快乐的。所以，我们要怀着平常心做自己的事业。

重要的是我喜欢，我做了。

2.当下用功

　　没有人不想成功，但成功并不属于每个人。成功需要时运，更要以实力为基础。时运不是为人所能把握的，但实力却是一点点的用功和努力所累积起来的。

　　成功不能勉强，不是想成功就能成功的，志在必得不见得能成功。成功是目标，也可以是方向，但不能当作唯一结果，因为可能失败。

　　成功虽然如此可遇不可求，但不努力注定不会成功。纵有天大的运气和侥幸，也算不得是成功。只有用功，才有可能成功。功不唐捐。成功不必在我，但有我的用功，成功才会属于我。

　　无论怎样，你都必须努力用功，也只有用功，才会有出路。只管用功，不问结果，不问成功；只管耕耘，不问收获；只管专心致志，不问是否得志。

　　用功越早越好，迟了也许会赶不上趟儿，当下不用功，就是在浪费时间和生命，将来势必会为此付出更大的代价。

　　所谓"少壮不努力，老大徒伤悲"。年轻时不努力，等到老了，精力、体力各方面都散了，想努力也没了机会，诸事都有心无力，心有余而力不足了，岂不遗憾？

事实上，很多所谓的能力，都是在年轻时培养起来的，吃的就是老本。年轻时不努力，就没有本钱，老了没了吃的，哭也来不及了。

上高中时，我痴迷于电视剧，看了一部又一部。马上要高考了，我却还在看电视。妈妈把电视关了，我又打开。妈妈又关掉，我哭闹着又打开。那脾气谁也不敢惹的样子。没办法，妈妈只好任由我看完再睡觉。结果可想而知，我没能考上理想的大学，侥幸考上个代培性质的大专，毕业包分配——直接可上国企军工厂上班。这让我后悔不迭，不出家门，哭了一个星期。有什么用呢？不知轻重缓急，一味由着兴趣、由着性子的后果。

现在回想起来，也不知道当时为什么对电视剧那么有兴趣。即便明天高考，今晚的电视也必须看的。非看不可，不看就睡不着觉。后来，我跟一个考上理想大学的同学谈起此事，她说："我当时也想看，但是我想这些电视剧都会重播的。等我考上大学再看也一样啊。"多聪明呀，我当时怎么没想到呢？还是太任性了？真是傻得可怜。

大概是当时就把电视看够了，过足了瘾。后来，我再也没对电视着过迷，甚至没有看完过一部完整的电视剧。毕业后直到现在，我的兴趣都放在如何为梦想而努力上了。但是，由于没考上好大学，我的这条奋斗之路注定走得曲折，充满艰辛，付出更多的代价。然而怨谁呢？

当然，从另一方面讲，正因高考失利后我长期不懈的努力，才使我在竞争激烈的成都市立足，最终拥有一份自己喜欢也受人尊敬的工作。而我今天的能力和所有实力，都源于昨天的用功和努力。

有追求的人，目标高远，他知道成功不会凭空来，不会侥幸来，必须要付出努力。所以，他当下用功，不敢懈怠，保持热情和斗志，积极进取，迎难而上。他一生努力，他只在坟墓休息。

张爱玲说"成功要趁早呀"，她毫不掩饰自己的功利心，也以此自励。这里有个前提，就是她的自信和不舍当下的扎实努力。她做到了，加上机运，所以名满天下。纵使成名以后，张爱玲也没有放弃自己的努力，一生都在辛勤笔耕。

我们都以成功为名而奋斗，但其实，奋斗的过程，才是人生的真正意义所在。所以，奋斗是一种过程的体验和享受。

社会是竞争的，社会也是势利的，只看结果，不问过程。你只有成功了，你的奋斗历程才会成为人们津津乐道的关注焦点。否则，你的奋斗什么也不是。但这没关系，我们为何要别人关注？那只是社会层面的。最重要的是，我们自己重视自己的奋斗过程和体验，因为这里面，有自己的酸甜苦辣，有自己的欢笑与泪水。只有自己在乎这个过程，才可能把这个过程凝结成金子。所以，珍惜自己的每一分、每一秒。

事实上，为自己喜欢的事业而努力，只争朝夕，并不会太在意成败得失，因为他的乐趣全在过程，他用功的快乐全在此刻、当下。

成功是未来的，是自己无法把握的，但当下，却是可以把握的。憧憬未来的梦是美好的，但它如空中楼阁，摸不到，可望而不可即，但当下用功，却是实实在在的。生命的意义，不在于在幻想中做梦，而在于在用功中获得宁静和充实的愉悦。只有当下用功，未来才会成功。孔子说："学而不思则罔，思而不学则殆。"唯有学思结合，想到了就行动，才能抓住今天，获得成功。

与其天天做着关于明天的美梦，不如脚踏实地，洒下真实的汗水，浇灌枯萎的花朵，才会有美丽芬芳的花园。

我也曾梦想很多，志大才疏，好高骛远，这山望着那山高。做一件事情三分钟热度，然后就要换另一件事情做；不安现状，浮躁少耐心，做什么都不求甚解，模棱两可；基础不牢，就想盖高厦，今天的事没做好，就想明天的事。如此周而复始，结果一无所成。后来才有所醒悟，学会由一点出发，不断努力。

虽然人生需要登高望远，提升境界，但如果条件不具备，你的所谓境界也终是空中楼阁。其实很多时候，当你向往远方的风景时，就错过了眼前的风景；当你空想明天时，就虚度了今天。没有今天的充实和延伸，明天注定是空虚短暂的。

眼前桃红柳绿，风光旖旎，那么就尽情享受春光，全心编织春天的梦，不必探问明天的草长莺飞，不必遥想后天的枫叶绚丽……否则，流水落花春去，换了人间，错过韶光，人生匆匆过。

昨天已逝，不必淹留，越留越沉重，会却步难行；明天未知，不可追问，越追越虚空，会错失今天。唯有今天，是我们能把握的。今天不努力，无法向昨天交代，明天的美梦不能实现。

抓住当下，才能有存在感，才能活得现实有力；抓住了当下，才能收获明天。

当下用功，自然不是容易的，需要耐得住寂寞，不能因浮躁而急功近利，不能因爱慕虚荣而步入歧途。

我们可从以下几方面抓住当下，充实今天：

◎ 认识到少壮不努力，老大徒伤悲。今天不努力，明天想努力也没了力气。

◎ 认识到能力不是一日之功，必要经历一个长期培养和成长的过程。所以，只有当下用功，才能收获明天的成功。

◎ 天上不会掉馅饼，所有的成功都是努力的结果。要想成功，必须努力，而且立即努力。

◎ 过去已不可追回，明天还未知，只有今天是自己能把握的，所以，要想明天成功，只有抓住今天，抓住当下。

◎ 用功不容易，就是刻苦、努力，这个过程是孤独寂寞的。当下用功，要耐住寂寞，不要急于求成，不要患得患失，不要见异思迁；要坚持由这个当下努力到下一个当下，持续不断地用功；还要不受浮躁时风的影响，专心致志，才能成功。

◎ 社会是势利的，人们只看你的成功。只有当你成功了，你曾经的所有寂寞，甚至琐事，才能成为耀眼的光辉。

◎ 重视奋斗的过程，善于体验过程中的细节，并珍惜，因为这个过程就是我们人生的过程。这样，就会减少奋斗中的苦涩感，乐于奋斗；习惯于当下用功，把奋斗当成自己生活中不可缺少的一部分。

◎ 人生短暂，珍惜时间，所以当下用功，不教一日一时闲过也，这样才是充实的人生。

3.不遇不牢骚

人人都想成功，但成功的人只是少数，更多的人注定平凡。努力取决于我，成功却不取决于我，不是所有的努力最后都能获得成功。

每个人的能力有限，机遇有限，甚至可遇不可求。而且，社会总是存在着不公平竞争，给人的机会有限，这样，就造成一些有能力的人怀才不遇，没机会发展。

不是所有的金子都会被发现，不是所有的千里马都能奋蹄。在一个不公平的社会，信息不对称，机会不均等，待遇不公平，背景和依凭不同，从而造成个人的机运不同——有背景、有依靠的，没能力也会有好位置；没背景、没依靠的，有能力也只能望洋兴叹，为没个好爹而自怜。社会不公平，特权阶层占有大量的机会和资源。一介平民，纵有能力，也常常怀才不遇，或者遇人不淑，吃亏上当，受骗、受气、纠纷等种种，让人烦恼，感叹出头之难。

面对这样的现实，你怎么办？抱怨和自怜都没有用，唯有不懈努力，不放弃任何一个可能属于自己的机会。

古人早就说过："千里马常有，而伯乐不常有。"伯乐，就是那个赏识你、助你上青云的人。伯乐就是你生命中的贵人。得遇贵人相助，是每个小民的幸运。然而，伯乐同样可遇不可求。

没有背景和依靠，不遇伯乐贵人，在一个不公平的环境中，又不善于趋奉钻营，不会察言观色，那么有才华的人，不仅难得机遇，而且往往会受到排挤。为什么？因为你有才华又不与人同流合污，不孤立你，小人们怎么心安？

你是龙，但被困在一个小湖里；你是千里马，但被困在马厩里；你志存高远，才德非凡，但却被闲弃不用。这岂不是浪费资源吗？难道天妒英才？中国历来不乏怀才不遇之人，李白、杜甫等人虽然才高八斗，有济苍天之志，不也是空怀抱负、遗憾一生吗？今天，也有很多人有这样的苦闷。

我曾遇到一位独断专权的女上司。她只希望下属做她的棋子，老老实实受她摆布，不能有一点个性和思想。她甚至限制我们的自由——不让我们与别的部门的人接触，以此封闭信息，便于"统治"我们。她搞一言堂，她的意见，大家必须无条件服从；开会讨论，只是走形式，大家都只能附和：好，嗯，是。

她嘴上成天说低调，不争名利，但其实好大喜功，总是夸大自己的成绩，哪怕是部门某个人的，她都据为己有，向上级汇报时，说成是自己的。而且，她经常私下里送礼物给上级领导，并用小恩小惠拉拢同事，以绝对服从她。

对她，我心里十分鄙夷。大概她看出了我不服她，于是她总是处处刁难我：我上报的选题，她从不予以通过；她不让我参与策划、独立编辑，只让我做文字编辑，工作总结时说我不能独立完成一个项目；她发动同事孤立我，发奖金时少发我一半……

我原本自信，自我意识也较强。我自认有能力完成一个项目，也不想如此默默无闻下去。同时，为了证明自己，也为了最终"战胜"她，我有意识地锻炼自己的忍耐功夫，希望有朝一日能翻身。我的遭遇，得到上级有关领导的注意和同情；我策划的选题，被别的部门采用。对此，我当然感觉安慰，而她当然心里恨透了我，我成了她的眼中钉，必须拔掉不可。最终，在年终时，她扣了我的三分之二工资，这直接伤害了我的自尊。我实在忍无可忍，与之据理力争，大吵一架，然后我径直到大领导那里评理……

大领导虽然同情我，但是显然更支持部门领导的她。虽然我可以转到别的部门，但因为实在闹得不开心，我最终选择离开。

我开始还抱着幻想忍耐着，后来发现这是个错误，遇人不淑，所遇非人，自己的才能和个性得不到发挥，而且如此不开心，何必在此糟蹋自己仅有的一点小才华，何必耽误下去？我不是个绵羊似的软弱人，也并非没自信，何况，我一旦对上司没有了欣赏和认同，一旦感觉不到工作的空间和成长，是不能忍受的。我不喜欢总是被动，也不会做奴隶式员工，所以我离开了，海阔天空，任我驰骋，自由生长。

对这个经历，我没有像她所想象的那样去"报复"她，我反倒感激她，感激这种不遇的挫折，激励我此后获得了更大的成长空间。

人与人之间，讲一个缘分，你与上司之间，也是如此。如果你与上司彼此不欣赏，不认同，那么，纵使你再有能力，也难得有机会发展。所谓"良禽择木而栖"，与其在那里浪费生命，倒不如选择真正适合自己的地方。

谁的心中没有梦？谁在年轻时不是豪情满怀？谁不想少年得志？但现实是充满竞争的、复杂的、残酷的，不以我们的个人意志为转移。

在一个没有机会的环境，要么在忍耐中爆发，要么在沉默中死亡。只有自发奋蹄，脱离困境，争取机会，才能不流于平庸。

常见一些怀才不遇者，牢骚满腹，怨天尤人，觉得社会对不起他，好像全天下就他一人受了委屈。其实，在中国，从古至今，寂寂无闻、被埋没的人才多着呢！抱怨有用吗？牢骚有用吗？

中国的知识分子，历来自许很高，得遇时踌躇满志，不遇时就牢骚满腹；恃才狂傲，自命不凡，好像就他一个人能做大事似的。其实，他未必能做大事。为什么呢？因为真正的大才，面对不遇和困境，不会抱怨牢骚，只会设法摆脱；真正的大才，意志坚强，心胸宽广，不会被一时的困阻所吓倒。而很多中国的知识分子，最大的毛病就是自视清高，心胸狭隘，光看社会问题，不看自己的问题。

抱怨，发牢骚，患得患失，脸色阴沉，心里耿耿于怀，情绪很坏，连带感染到周围人对他产生反感，他的机会只会越来越少。古人说的"克己复礼"，就是要谦卑知礼，克制不良情绪，战胜心魔，正视现实。

"牢骚太盛防肠断"，现实就是这么残酷，你要正视、包容，少计较，否则成天抱怨、计较，会郁闷气死。

有时，需要想想，为什么自己怀才不遇？是上司妒贤嫉能？还是你恃才傲物，狂妄至极？如果是后者，那么你就属于锋芒毕露必自毙之人。有些人，有些小才华，自小很顺利，一路阳光雨露浇灌，不曾碰过壁，受过伤，跌过跟头，加上不谙世事，书生狂狷，为人处事上不知深浅，不避嫌疑，这样的人，自信自傲，眼里有我无他；他看别人不顺眼，别人看他太狂妄。他怎么能不碰壁呢？他纵有才华，也可能怀才不遇，甚至还要遭遇"枪打出头鸟"的厄运。这样的怀才不遇，能怨谁呢？

怨天尤人，多半因为阅历不够，少眼界和胸怀，少修养，少磨砺，是不成熟的表现。

真正器藏于身的人，不会耿耿于一时之不遇，不遇时就"潜居抱道，以待其时"，他不发牢骚，失意正是他隐忍韬光、磨砺意志品质之时。他自信不遇只是暂时的，很快会迎来自己的时代。

"贵人多受难"，卓越的人，总要经历更多曲折和磨难，所有不遇都铸成他日后的大成。不遇，对他是历练，以使他日后承担更大的责任和压力。一帆风顺的成功不是真正的成功，不能长久。所以，大才者面对不遇，只会淡然一笑。

那么，我们该如何面对不遇呢？

◎明白实力是抓住机遇的前提，机遇只给有准备的人。无论何时，实力才是你最重要的筹码。

◎明白机遇可遇不可求，不遇时，韬光养晦；得遇时，抓住属于自己的机会，创造自己的成功。

◎纵使你有大才，但在时机不当时，不要锋芒毕露，招人忌恨，要善于保护自己，保存实力。

◎明白世间本来就有许多不公，要正视现实。不遇时，不要顾影自怜，不要抱怨牢骚，而是在沉默中坚忍努力，相时而动。

◎相信纵使社会再有不公，但只要自己的实力在，只要努力，总会有属于自己的天地，所以，再接再厉，不懈努力。

◎丰富内心，提高修养，淡定从容，不与人比高，不与人争强，不患得患失，以致迷乱自己，影响自己的专心致志。

◎没有背景，没有依靠，就靠自己，靠实力，光明坦荡、顶天立地活着，这样最光荣。

为了心中那个久已存在而又苦于实现的梦想，很多人背井离乡，尝尽辛酸，但还难见有出头之日……

有时，你心中积蓄的力量化为无奈、无助、迷茫，感觉快撑不住了，问自己：出路何在？我的机会在哪里？我生命中的贵人在哪里？心中充满无路找路的痛苦……

追求成功的路上，到处是如此痛苦的内心。越有理想主义情怀的人，这种痛苦越强烈。

其实，这不是坏事，说明人生的又一个坎儿来了，又一个机会可能就在前头。

有人得时遇而成功，有人得人助而成功，有人自强不息，不怕大器晚成。前二者都有些侥幸成分，最靠谱的就是后者，靠自己，扎实努力，取得水到渠成的成功。

4.器藏于身

古人说"藏器于身，待时而动"，器是才华，是自己的宝贝，万不可轻易示人，等到真正的卖家出现再出手，才显出其珍贵。所以，不到时机时，不要急躁技痒，先修炼忍耐功夫，韬光养晦，"潜居抱道，以待其时"。

孔子说："龙，德而隐者也。不易乎世，不成乎名，遁世无闷，不见是而无闷。乐则行之，忧则违之。确乎其不可拔，潜龙也。"是说人中之龙，没机会做事，他就隐藏不露；有机会做事，他就快乐地去做；不开心时就不做，坚守独立人格。不勉强自己和别人，不强求功名，也不因寂寂无闻、怀才不遇而郁闷，这就是潜龙。

潜龙，善于保护自己，也善于坚持自己。为了保护自己，当时机不到时，他就深藏不露；当自己的机遇来时，才当仁不让，大展身手。可见，潜龙有真正的大才德，既能入世，又能出世；既有能力、策略，又有修养、智慧。无论你用不用他，他都有尊严地活着。

他的能力，是他的器；他的修养，是他的大智慧。

　　曾国藩就是一个善于韬晦的智者。当他还是一个普通的官员时，他深藏不露，谦卑守礼，在满人面前毕恭毕敬，遇事总要先问满人的意见；有点小功则奉满人为上。他这么做的目的，既为取得满人的信任，更为了获得更多发展自己的机会。

　　他默默地积蓄自己的实力，一手培养起自己的湘军，并授意门生李鸿章建起淮军，等待一展身手、建功立业的机会。

　　当满军的士气大减、实力下降，朝廷不得不重用汉军时，曾国藩看时机已到，便当仁不让地挺身而出，率领湘军异军突起，成功剿灭了太平天国起义，而他也一举成为清朝的中兴之臣，一时声名俱隆，成为清朝位高权重的汉人代表。

　　社会是充满竞争的，竞争是残酷的，明里暗里的竞争都时刻存在着。纵使你再有才华，但如果不讲策略，不知进退，就难以出头。不得时机时，你必须藏器于身，和光同尘，大智若愚，善于藏拙，这是保护自己，以待时机。

　　而现实中，有才华的人往往难耐寂寞，总是按捺不住，急于表现自己，生怕人们不认识自己。他不明白，如果时机不到，他这么做的结果只能是暴露了自己的急躁和愚蠢，让对手看在眼里，结果自然是适得其反。

　　我向来工作认真，只想多做事，释放能量，也实现了自己的价值，而对钩心斗角的人事斗争不屑一顾，不想在这种事情上浪费时间。我虽明白"少做事，少责任，多奉承"的道理，但始终不屑为之。

　　如果在一个机制良好的单位，我这样的人受欢迎。但不幸的是，我当时处在一个明争暗斗、不干正事的国营单位，所以我的认真表现，就显得不合时宜了，结果多半是吃亏。

　　我的领导是一个专权的女人，十分强势。每次开会，她都会鼓励大家多做事，规定每人每周至少上交两个选题。我有些争强好胜，有些急于表现自己。有一次，我一下上报了四个选题，而且写了较详细的策划方案。

　　领导在选题讨论会上，首先表扬了我，对我的选题也做了一些肯定。我心里有些沾沾自喜，心想：这下，你该知道我的能量了吧？

　　但结果，我的选题她一个也不给通过。会后，我又与她私下讨论，积极争取，想说服她，但她却以各种理由表示我的方案还不成熟，不予支持。而她却支持通过了另一个同事的一个十分平庸的小说选题。后来，我才知道，这个选题是她私下里授意同事上报的，而这个选题是她的一个关系户上报的，她私下里收了人家的贿赂。

　　我不服，每次上报选题，我还是报三四个，但她仍然一个也不给我通过。

　　最终，我明白，她这是有意为之，她分明是一个妒贤嫉能的人，她只想自己做出成绩给上级表现，却不允许手下任何人有任何表现。

　　早知如此，早知注定失败，我又何必认真，何必逞能表现自己呢？我恨自己的傻。

　　倘若我早一点看到这个上司的本性，看到那个单位不是做事的地方，我就不会那么幼稚地表现自己了，因为我的表现，只会引起上司的忌恨和排挤。

那么，就不要表现自己吗？如果不表现，自己的才能怎能被发现？尤其在当下的社会，酒香还怕巷子深。你自己端着，等待人来发现你，可以吗？现实吗？不宣传，谁了解你？不显示才华，谁欣赏你？

毕竟，人不是商品。古代有终南捷径，以此吸引君王关注。所谓欲擒故纵，有策略地宣传表现自己的与众不同，总要比直截了当地"王婆卖瓜，自卖自夸"要高明得多。很多时候，越叫卖越兜售不出。关键是，你对谁表现自己？是否合宜得机？没有合适对象，不得时机，只能适得其反。

你的才华是你的宝贝，自重才显得更加珍贵，才会引来高人之青睐。所以，有大器者，如姜太公稳坐钓鱼台。要相信自己的气场。

只要有足够的实力，不用推销炒作，也不必担心没人了解你，没人发现你——在无法欣赏你的人面前，你再怎么表现也没用；在能欣赏你的人面前，你的才华不会成为遗珠。

那么，如何保护并善于发挥自己身上的"器"呢？

◎培养自己的器。上天造人，人人都有天资禀赋，有此基础，辅以后天的努力，扬长避短，就能发展自己独有的才华。这就是你的器，没有此器，难以立足于社会。

◎不断学习，提高能力，让小器变大器，让它成为你的核心竞争力。

◎器是自己的宝贝，要善于保护，不要轻易示人，既能涵养器，也能保护自己。只有当机会来临时，才把器展示出来，大展身手。

◎古来才大难为用。越是大才器，越要经受世间的磨砺，怀才不遇，大材小用，龙困于湖，不能奋飞。要接受这样的磨砺，不放弃自己，相信总会有机会的。

◎世事人心复杂险恶，越有才，遭遇的阻力越大，对手越多，越要学会应付妒贤嫉能的上司和小人。如果你还在乎这个环境，就藏器于身，忍着，审时度势，蓄势待发，等待机会。

◎当然，没有价值的忍耐是没有必要的。比如，如果你的上司妒贤嫉能，独裁专断，喜欢顺从奉承，周围不是小人就是绵羊，对有个性才华的人只利用，不尊重、不信任，你没有空间，没有机会，没有发展，不开心，看不到未来，又何必隐忍呢？不如潇洒离去。道不同不相为谋，找自己的圈子去，才华糟蹋不起，时间浪费不起。

身怀大器的人，不计眼前得失，他的目光看向远方，他等待的是一个更大的时机和舞台。所以，现在的不遇不顺，甚至打击失败，都不能打倒他。

低调自保，韬光养晦，绝不轻易大谈自己的理想抱负，不轻易显山露水，而是把自己包起来，谦卑做人处事，不露锋芒，坚忍中默默养足功夫，审时度势，相机而动，等待属于自己的舞台。

这样的人，不飞则已，一飞冲天。

5.做事不求理解

我们做人做事，都希望得到理解。

但实际上，做到理解不容易：理解他人难，得到理解更难；如果你要做的是一件大事，那么理解你的人更少。

然而，人都是自以为是的。镜子面前，人都关注自己的形象。纵然自己有不是，也总要为自己开脱，找出一千个理由，口口声声要求人理解，为别人不理解自己而烦恼，却唯独不从自身找原因，不问自己是否错怪别人，是否理解别人。

是别人不理解你，还是你不反省自己？为何埋怨别人不理解自己？如果你做错了，别人本不当理解你；如果你做对了，于己于人无愧于心，又何必要人理解？

每个人都有自身难以超越的局限，认清自己尚且困难，更何况认清别人呢？一心复杂，两心交错更加难测。希望别人理解自己，这不现实。

我有些完美主义，对己对人都有些苛求。做一件事情，倘若自己用心良苦，就希望别人能理解，这样自己才开心，否则就很苦恼，心生埋怨：他应该理解我，他应该怎样……但越是这么想，结果越是让我失望。

后来我才发现，这完全是庸人自扰，给自己也给他人造成压力，搞得都不开心。我才明白，别人是别人，不是你，人家有自己的视角，人家又不是你肚里的蛔虫，凭什么理解你？凭什么为你着想？怎么可能如你所愿？虽然说"人同此心，心同此理"，但并不能说明人家一定有能力理解你，更没有义务理解你，能做到善解人意、倾听你，已经不错了。对谁也不能苛求，包括对亲人朋友。

别人对你而言，没有亏欠，不必负责，更不必应该怎么样。凭什么要求人家怎么样、应当怎么样？那只是你自己的想法。能够要求的唯有自己。

明白了这点，我开始自觉修养自己，学会换位思考，将心比心，善解人意。先要求自己，理解别人，然后才可能得到理解。

做人难，做个好人更难。街上一个老大爷摔倒了没人扶，不要怪人们见死不救，实在是因为很多老人以此碰瓷儿；不要怪人们素质不高，而要怪世风如此，道德沦丧。

见义勇为者做好事，只是出于本性，但现实的情况是，很多人做好事反被污蔑，岂不令人寒心？

做了好事，没人鼓掌，没人理解，费力不讨好，甚至有人会说你出风头，自我表现，打击你，你会怎么办？据理力争还是还击？没必要。只要做人做事对己对人负责，问心无愧，就可心安理得了。如果你做好事原没求回报，就不必求人理解，更不必理会别人的议论。

人与人之间，本来就隔着一道心墙。知音少，知交远，心孤独，沟通难，理解更难。既如此，做自己的事，过自己的生活，不求别人理解也罢。要想做事，就不必每天想着别人的看法，希望别人理解，否则还怎么做事？

晚年的李鸿章，曾代表清朝政府签订了很多丧权辱国的不平等条约，招来骂声一片。这些骂声不仅来自民间，更有来自同僚的。

这些骂声，不只是以爱国之名对他进行声讨，更有借此想扳倒他的。但李鸿章对此毫不介怀，依然做他认为该做的事，最大限度地尽他的责任。对于他的这种胸怀，梁启超也表示佩服，赞赏他敢于担责任，不为非议所扰。

这就是做大事的材料。尽职尽责，丝毫不为外人所左右，也不求人理解。

谁都会被人背后议论，谁也不会被人人说好。有议论或许不是坏事，没人议论才有些可怜，因为平庸无特点才不被人关注。但凡有作为、有成就的人，无不是毁誉参半。真正了解人很难，盖棺尚且难论定，更何况一个活生生的人呢？只要做人做事坦荡无愧，就可放心作为，相信时间会给一个公论。

做大事者，向来不拘小节，也不先求人理解。只要他认定了，哪怕被大多数人反对、误解，甚至面临生命的危险，他也会义无反顾，坚持做他认定的事情。他做事情，受责任感所驱使，明知有危难，他可能也要向前。明知不可为而为之，这就是古人所说的"见嫌而不避"，甚至"舍生取义"。

这样的人，当时也许为很多人不理解，或者不敢支持，但事后，他拥有更多的拥趸。

做的事情越多，责任越多，越容易得罪人。越是做事的，越容易被议论、指摘甚至构陷。如果耿耿于此，必会郁闷不断，而且会中了小人圈套；如果总是顾忌"人言可畏"，缩手缩脚不敢行动，还能做成什么事？不如"走自己的路，让别人去说吧"。耳不听不烦，眼不见为净。不因他人停下自己前进的脚步。

一个人应该有不求人理解的胸怀和肚量，可如此做：

◎人心隔肚皮，心与心之间有距离是必然的，因此不苛求人理解。

◎可能你做的事不为人理解，可能你做了好事也费力不讨好，但只要你做的事情无愧于己于人，那么就可无愧于心，心安理得，不求人理解。

◎做事以公理和责任为标准，而不是以别人的意愿为标准。想做到人人都满意是不可能的，只要自己认定了，就不顾一切地去做。

◎即便是你最亲最信任的亲友，也会对你不理解甚至误解，不要介意，相信这只是暂时的。

◎因为认识问题的局限和角度不同，造成不理解，这时少苛求人，多从自身找原因，避免与他人发生摩擦。

◎学会换位思考，先试着理解别人，尊重、包容和原谅别人，才可能得到对方的理解和尊重。

◎不断修养自己，提高对自身的认识，然后才能更好地认识他人，做到彼此更好的沟通和理解，和谐相处。

◎遇到确实难以沟通的人，不必勉强，不必解释和辩论，干脆保持沉默。

◎想做事情，尤其想做大事，就要承受更多，包括误解和委屈。很多时候，不必在意别人的看法，只管一心去做就是了。人生很短，专注做自己要做的事，不必为无谓的人和事停留。

世界本不完美，人无完人。每个人，只有扬长避短，发展好自己，少干扰别人，也不受人干扰，专心致志，才能做好自己。不求人理解，也少去误解人。

当然，人毕竟生活在社会中，"人人为我，我为人人"，能够获得更多人的理解当然是幸福的。为此，客观地看人看事，与人为善，和谐相处，善解人意，多理解人，避免主观和想当然，以换来更多的理解和支持。

"雁过留声，人过留名。"好名声不是求来的，而是做出来的。与其要求别人理解，不如把更多的时间放在要求自己、了解自己、做好自己、做好事情上。你只有把这些都做好了，能承担更多，福泽更多人，自然会有更多人理解你，主动站出来说你好。

6.永不放弃

人活着不容易，当活到三十多岁时，这种感觉与日俱增。无论你是什么人，无论贫富贵贱，都会有这种感觉。

人生就像一场旅行，开始兴致很高，但中途总有困倦时。有时，你是不是觉得很累很累，像要走不动了？有时，你会不会觉得人活着不过如此，没什么意思？人生苦短而又漫长。苦在无法避免痛苦，短在无法超越生命，长在活得艰难；快乐、幸福少，痛苦、孤独长。

每个人都有疲累消极的时候，但过后，精气神恢复，继续赶路……

我的骨子里是悲观的，但生活态度却是积极的、现实主义的。我没有宗教信仰，也不迷信鬼神，我更愿意相信自己，希望尽一生的力量，努力完成自己，实现自己。我一直在向着自己想要的方向走，始终如一，坚持不懈，希望这样直到生命尽头……

人活的，不就是一个精气神吗？否则，生命如何继续？既然生而为人，就好好活一回；既然我选择了，就坚持到底，永不言弃。放弃自己的选择，就是对自己的背叛。而背叛自己，是自尊的我无论如何都不能做出的。

上天并不眷顾我，我也不曾侥幸碰上好运气，今生也许注定平凡，但我依然保持着一份自我期待，不敢妄自菲薄——因为，我明白自己是天下独一无二的存在，世界只有一个"我"，我要努力活出自己的样子，这就是我的价值所在。

我也有一个梦想，为此上下求索，尝过辛酸，遭过挫折，哭过痛过，吃尽苦头，但仍然保持着对梦想的热情，没有丢掉自信，不言放弃。生命不息，脚步不止，自强不息。无论现实多么复杂，我都没失去自我，心中保留着一份纯粹；无论多难，我都没停下前进的脚步。

不放弃，就要精进不止；只有精进不止，才活得充实，人生才有希望。

第一次看到"精进"这个词，是在初恋男友的来信上。他饱读诗书，信奉道家文化，自学《易经》和中医，他用隶书给我写信，言辞也充满古典韵味。他在信末以"精进不止"互相勉励。

初恋像梦一样一去不返了，但"精进不止"这个词从那时起，就深深印在我的脑海里，似乎也流进我的血液里。每当我有所懈怠时，它就和初恋男友一起，浮现在我的眼前，给我加油打气，让我在美好的回忆中提升生命的力量。

成年后，我日益感到人生之多艰，活着之不易，对"精进"二字的意义体会更加深刻。我明白，唯有每天努力，精进不止，才能扎实而快速地成长进步，最终把自己铸造成器。既要保持充沛的精气神，又要扎实努力，获得最优质的成长，这就是我理解的精进。

梦想是精进的源头活水，但如果没有精进努力，再美好的梦也终成泡影。只有精进不止，才能释放生命能量，创造精彩人生。

人都有梦想，都不想放弃，但现实严酷，与理想有着很大距离。很多人走到半路泯灭了梦想，流为平庸；很多人也曾努力，但知难而退。那么，当初的梦想呢？就这么放弃了吗？曾经的努力呢？就这么半途而废了吗？成功有多难，坚持就有多难。与其说成功需要奋斗，不如说成功需要坚持。就像一次长跑，马上要到终点了，却累得倒下了，功败垂成，而放弃的人自己不知道，他以为还有很远，他看不到胜利，所以气馁了，放弃了，倒下了。

人生奋斗，就是攻坚克难。成功的人生，就是永不放弃。你想有所作为吗？你想超越平凡吗？那么必定要付出比常人更多的努力，而且百折不挠，坚持不懈，精进不止。

所有成就非凡的人，都要经历非凡的苦难。司马迁忍辱中写成"千古之绝唱，无韵之离骚"的《史记》；曹雪芹衣食无着，写成巨著《红楼梦》；王国维上下求索，以生命殉道；陈寅恪以学术自立，不向权势低头……他们都以非凡的毅力坚持梦想，最终成就伟业，流芳百世。他们精进不止，不放弃，实现了自己的不朽。这是一种坚韧的人生。

苦难，也许会打败普通人，但它不仅打不倒意志坚强的人，反而会激发出他内心更大的能量，激励他迎难而上。苦难对他是磨砺，让他的内心更强大，最终超越平凡。所谓"天将降大任于斯人也，必先苦其心志"，就是这个道理。

当下社会，生活环境虽好过从前，但压力也是前所未有。为了生活，很多人背井离乡，活得更加艰难不易。想生存都难，更何况实现梦想呢？

竞争激烈，光有专长不行，必须有核心竞争力；光有竞争力不行，还要持续不断地学习，精进不止。否则，只能被快速淘汰。

生活对我们来说，就是战斗。上下班挤公交、地铁，在单位拼能力、比心计，在社会上跑关系、趋时风，在亲友面前比较谁混得好……都是战斗。现状如此，我们别无选择，唯有打起精神战斗。

最后你会发现，放弃的人，丢盔弃甲的人，又回到原点；坚持下来的人，变得更加强大，离他的梦想越来越近……

成功者之所以成功，不是强在能力，而是强在其精进不止的激情和意志。他们积极进取，迎难而上，从不言弃；他们永怀梦想和希望，保持激情，真诚生活，对世界充满好奇。于是，他们在自我期待中，最终如愿地成就了自己。

只有坚持、不放弃，才能获得自己想要的生活：

◎明白人生就是一个奋斗的过程，为此你要准备好充足的精、
气、神。

◎心中有美好的梦想和希望，对自己有较高的期待，让梦想为自
己的奋斗鼓劲加油，让它成为你不竭的力量源泉。

◎无论多难多苦，都不要放弃梦想，都不要放弃努力。没有人是
你的真正对手，除了自己，只有自己能打败自己。

◎积极面对困难挫折，把它当成人生中必然的考验，自觉地磨砺
自己的意志和品质，让内心变得强大无比。

◎即使获得一次成功也不能懈怠、安于现状、放弃努力，而应居
安思危，精进不止，否则不进则退，甚至被淘汰。

◎善于调整自己，善于放松休息。当感觉累时，当情绪低落时，
适时调整放松，养精蓄锐，然后再上路。

我奋斗，我精进，我上下求索，我自强不息。

《易经》中说"生生之谓之易"，生命不息，精进不止。也
许，前面的路充满曲折，还有更大的考验，但只要精进不止，就能
走过一个个沟坎，在突破中飞跃成长。

我们应该激越而有力地活着。以理想奠基的奋斗，是神圣
的；以精进为姿态的人生，是有力的。神圣而有力的人生，可创
造非凡。

7.孤独成大器

人是孤独的。我们需要朋友，需要热闹，需要合作。

只是，相交满天下，知交能几人？热闹繁华的背后，几人不落寞？合作共赢后，能留下什么？

"长亭外，古道边……知交半零落……"李叔同的《送别》，道出人生几多孤独的本质。我们都是赤条条来，最后又孤独离去。死生皆寂寞。无论富贵贫穷，都终归寂寞。可见，人生的孤独不可避免。

想到此，心里难免沉重。但，这就是人生。

每个人都有自己的个性，与他人不同，这就注定了人会有寂寞。但人又是社会性的，喜欢活在人群中，害怕孤独。我们在熙熙攘攘、你来我往的社会中，与无数人分分合合，交集又离散……我们忙着与无数人交流、合作，我们的幸福和快乐都需要别人来维系。怎么能寂寞？不能，一旦留下我一个人，我就会害怕，像黑夜里看不到光，像口渴时喝不到一滴水……

我曾感受过寂寞的滋味。那年，为了爱情，我放弃事业，搬到男友的住所。

男友经常出差，我只好一人留守家中。开始还好，但后来就烦闷了。尽管他天天来电问候我，我还是止不住心烦，百无聊赖。实在没有办法也不知道向谁发泄，于是，我把所有烦闷都对准男友，向他发泄。开始他容忍我，后来也有些不耐烦了。两人开始产生矛盾，关系恶化。

我很痛苦，甚至怀疑这份感情，想离开，又下不了决心。因为当时我身体不好，只好在家静养。男友大概感觉到我内心的变化，就天天来电问候，让我感觉到他的好——这样一个有情有义、真心实意对待自己的男人，我为什么要放弃呢？最终我决定继续这份感情。

然而独处一室，那种感觉实在是太难受了。人在身体不好时也最敏感脆弱，人在闲得没事时也最容易胡思乱想。满屋里是静，是空。一种落寞、无奈、无助甚至悲凉的感觉瞬间在心中涌起，眼前一片苍白。

那一刻，我被寂寞吞噬了。虽然我和男友最终走到一起，但当初那可怕的寂寞铭记在我心中。

那是我最软弱无力的时候，不知该如何安顿灵魂，一时迷失了自我。

对于心智不成熟的人来说，寂寞是空，是苦，是怕。如果没有足够的内心支撑，是很难忍受寂寞的。

人是社会性的，我们需要在社会中实现自我价值。所以，一旦不与人接触，一旦社会没承认自己，就难免心里发虚，难耐寂寞，害怕被遗忘。

每个人都有自己的活法，可以寂寞也可以热闹，但要明白，人生的本质是孤独的，所有依靠都不如自己可靠。自己的一切需自己承担，无人可代替。

所以，学会享受孤独，是我们每个人必须要做的功课。

孤独，是一个成就大器的重要修养。

古人修养讲"慎独"，是指一个人独处时，也要反省自问，做到人前人后都坦荡磊落。通过慎独，了解自己，提高修养，突破自己，增进内在力量。

在为事业奋斗的过程中，我们害怕孤独，怕没人了解自己，怕不能被人发现。

其实，奋斗的过程必然是孤独的，甚至如炼狱，人只有在其中受到锤炼，才能更好地打造自己。只要耐住寂寞，孤独中默默努力，就不必怕怀才不遇，寂寞无人识。所有的孤独，是他奋斗的力量。

事实上，真正的孤独不是空，而是宁静中的独立创造。那些伟大的事业，哪一个不是在孤独中创造的呢？在孤独和宁静中能产生出智慧。人不孤独，难成大器。

志向越大，要承受的越多，越感到孤独。所有非凡的事业，无一例外都是孤独的事业。越有才华，越有孤独感。"古来圣贤皆寂寞"，就是这个道理。他当然可以选择活得热闹些，但那不是他的志向。

比如孔子，有弟子三千、七十二贤人。弟子中有很多精英，而且有权有势。孔子如果求取功名，应该不是难事。但是他没有，他仍然以教书育人为业。虽然早年间他曾奔波于权贵之中，求取功名，但最后终于明白自己最适合教书育人，传播思想，他明白这是他的价值所在。所以，他放弃功名，甘于寂寞的教育事业。他的选择是没错的——果然，在他死后五百年，他被人尊崇，成就了至高无上的尊荣。

孔子甘于寂寞，相信苦尽甘来，身后不会寂寞。他安贫乐道，所以赞赏弟子颜回"一箪食，一瓢饮，在陋巷，人不堪其忧"的守道精神。孤独对于求道的他们，非但不可怕，而且成了生活方式。在孤独中，他们成就了自己的大器。

再说陶渊明，不恋富贵，不为五斗米折腰，辞官归乡，过起了寂寞生活：躬耕田野，写作自娱。他在《五柳先生传》中说，"娴静少言，不慕荣利"，"好读书而不求甚解"，"环堵萧然，不蔽风日；短褐穿结，箪瓢屡空，晏如也！"一方陋室，家徒四壁，冷冷清清，风雨无阻；一身补丁布衣，饭碗常空，但他安之若素，以诗书自娱，不患得失。他宁守寂寞，也不与官场同流合污。他是不失自我、享受孤独的达人。

历来的贤人君子，就是这样"忧道不忧贫"，不忧自己而忧天下。他们真诚地生活，心怀坚定信念，无论富有穷困，都不改其志，一生以充实精神世界为乐事。在外人看来，他们是苦的，但在他们自己看来，这是自己的自然选择。所以，他们能苦中作乐，自得其乐，乐在其中。

当下社会，人心浮躁，寂寞与孤独更是与人们如影随形。因为没有安全感，于是拼命赚钱。其实，钱怎么能解决寂寞的问题呢？物质与精神的发展失衡，物质很发达，但精神很空虚。正因精神空虚，所以才感觉寂寞。

唯有充实宁静才更能安慰寂寞，只是很多人不明白。

只要不断充实内心，坚守自我，不为外物左右，有自己的爱好，有充实的精神世界，就不会失去自我，这样就不会有强烈的孤独感。遇到问题就有足够的心理承受力。

越是平庸才越需要别人的安慰和捧场，精英们从来都是冷静旁观保持独立的，而真理恰恰就在这些人手里。

那么，如何把握并利用好生命中的孤独呢？

◎明白人生的孤独是必然的，没办法回避。所以，学会孤独，打发寂寞。

◎有梦想为伴的人，人生路上不会孤独。梦想不仅是他的力量源泉，更是可安慰他寂寞的亲密朋友。每当孤独寂寞时，他就以梦想激励自己，发奋努力。

◎没有享受过孤独，就不会静心专注于事业，难以做出非凡成绩，难成大器。

◎善于享受孤独，修养自己，完善自己，提高内在境界和力量。

◎凑热闹的事少做，因为没多大意义，不仅浪费时间，也不能解除寂寞无聊，反而会加重你的寂寞感。

◎解除孤独苦闷最好的方法就是做事情，让自己赶快忙碌起来，没有了胡思乱想，也就不会有寂寞之感。

◎有自己的爱好，丰富生活，增加生活情趣，就不会感到无聊。

◎外面的世界很精彩，诱惑很多，会让我们的心更加浮躁和寂寞。但只要明白，自己需要的其实很有限，那么就会克服来自外界的干扰，不去随波逐流，以不变应万变，坚守自我，不失去自己的精神家园，就不会有孤独寂寞。

无论你正走在一条什么样的路上，只要积极进取并抱一颗平常心，那么，就不会害怕孤独寂寞，安安静静地追求自己的理想，过自己的日子。

如此，纵然不能成大器，也会在孤独中绽放出自己的生命花朵。

第三章

不汲汲于名利富贵

1.不贪求物质

人天生就有欲望，欲望如同空气，生来与人相伴。

人有欲望天经地义，无可厚非。唯其有欲望，人生才有动力，有生趣；倘若人没了欲望，也就没有了希望。哪怕是出家人，也并非真正万念俱灰。

欲望有高低之分，趣味低的，汲汲于生理欲望的满足；趣味高的，与梦想相连，追求精神之满足。对人生有更高期待的人，有更强烈的欲望，生理欲望和心理欲望都高过常人。

正当的欲望无须掩饰，但欲望同样需要有节制，过度就是纵欲、贪欲了。

佛家认为，人生苦的根源就在于欲望。但反过来说，人生的乐趣也源于欲望。但是，欲望要有度，过度必然适得其反了，人生的痛苦将会大于快乐。

贪欲，欲火中烧，过度必然自焚。贪婪的结果，往往是乐极生悲。生之满足和快乐，在于欲望；生之痛苦和劫难，也往往始于欲望。

佛家为了离苦得乐，主张断欲，超生为乐。古代贤人也看到贪欲之罪恶，提出"存天理，灭人欲"，主张回归淳朴天性，回到内心，修养自己，做到"无欲则刚，宁静致远"，避免贪婪致罪。

欲望有生理和物质欲望，也有精神欲望。前者是生存的前提和必需，后者是前者满足之后的更高级追求。唯有前者满足，或者知足，才有安全感，才有条件追求后者；唯有后者丰富，才能升华出高贵的生活品质。

贪欲，往往就是指在生理和物质上的纵欲无度，不知满足，为所欲为。贪婪者，往往是精神世界空虚的表现。一个无止境追求精神富足的人，在物质上则所求甚少。

物质之求是必要的，也可以是无尽的，但人对物质的真正需要是有限的，而对精神食粮的需求却应该是无限的，唯有如此才能达到生命的高度。丰富的物质不能代替精神财富，有钱未必快乐。

现实社会中，有很多物质富翁，却是精神乞丐，许多精神富翁却囊中羞涩，安贫乐道。

物质世界是丰富多彩的，幻象多多，人容易在其中迷惑，失去自我。很多眈眈于物质享受的人，不是玩物丧志，就是被物质左右，成了物质的奴隶，失去了自我。而物质缺少者，却因清贫能保持冷静，保持格调和人品。

与物质富有相比，精神的富足显然更加高贵、有品，活得更加自由洒脱，生活的状态更像自己。

精神之求越多，内心越充实有力；物质之求越多，越反人性，让人越来越贪婪，不能自拔，最后坠入物质的深渊。

《大庄严论经》中有这样一个故事：

一天，佛和阿难在舍卫国的旷野中行走，忽然发现不远处有一堆金子。佛对阿难说："这是一条大毒蛇。"阿难点头。

他们的对话被一个正在劳作的农夫听到了，他忍不住过来看，哪里是什么毒蛇，分明是一堆黄金呀！

他喜出望外，把黄金快速揣到自己衣兜，丢下耙子回家去。他摇身一变，成为当地的大富翁。

事情传到国王那里。国王本来生活奢靡，挥霍无度，国库就要空了。他听到此消息，不由心生嫉妒，想把黄金据为己有。于是，他设法把农夫关进了监狱。

农夫的家人看大祸临头，焦急万分，要花钱把农夫赎出来。于是他们走后门，找关系，打通一个个关节，把原来的黄金花得精光，但还是不能赎出农夫。因无人耕田，全家的生活陷入了困境。

此时，农夫悔恨交加，想到这苦都是因为自己听见了佛和阿难的对话，就高声诅咒："剧毒蛇阿难！大毒蛇世尊！"

国王听说了，莫名其妙，就传讯问他："你怎么一口一个毒蛇？监狱里哪有蛇啊？"

农夫于是告诉了国王经过，接着说："这黄金不就是毒蛇吗？"说着伤心哭泣。国王一听，有道理，因为没了黄金可占有，也就放了他。

后来农夫逢人便讲："佛语是真理，说黄金是大毒。我经历危难后才悟得这佛理。"

当下社会"打虎"、"打苍蝇"，打出来的那些贪官污吏，哪个不是贪婪的结果？处在权钱之贪婪中，人性恶日益显现，越来越背离了本性，为权钱而去，最终为权钱所害，真是莫大讽刺啊！当官的结果，如果是这样，有什么意思？真真还不如做一个小民来得更幸福呢！

对物质的追求，如果不适可而止，知足常乐，那么必然会受其害，失去健康的心灵，让人变得面目可憎，引来灾祸，所谓"人为财死，鸟为食亡"，真是古来的训诫呀！

通过看一个人的欲望，可看出一个人的人性和修养。

一个对自己的人生有更高期望的人，不会汲汲于物质之求，他的追求远远超过物质。他善于平衡自己，不会受物质迷惑，被牵着鼻子走——做物质的奴隶。相反，他在物质上所求不多，知足而已，他以精神追求为快乐。所有的贤人君子、仁人志士，都是重道义，追求的是真理，所以他们安贫乐道，纵有发财机会，也不取不义之财，不与肮脏的金钱有染，洁身自好，绝不同流合污。中国传统的士人，保持清高，保持节操，也不让人说他有物质之贪求。比起今天的唯利是图，以钱为上，他们显得更加可爱。

今天的社会，物质已经足够丰富，但精神世界似乎远远滞后，甚至落后于前人。人们普遍浮躁、孤独、抑郁，没有安全感，道德下滑，信念失落，不知路在何方……这一切，都是人类汲汲于物质而轻视精神的结果，人类必然会受到自身的惩罚。

面对丰富的物质世界，我们往往迷了眼，但事实上，我们需要的很少，属于我们的也有限，明白了这个道理，我们就不要执着地追求物质之富，转而追求精神的丰富。

金屋银屋，也许没有陋室读书来得充实满足；珍馐万千，也许抵不过一顿粗茶淡饭；一次销魂的生理纵欲，也许抵不过真诚的相伴一生……繁华的背后，有多少落寞？友好的表面，有多少是逢场作戏？

浮华如云烟，不如看淡些。

我没经历过富贵繁华，也没有一贫如洗过。我与很多人一样，为生存和梦想而打拼。我也喜欢钱，但我从来不因为要挣钱而做某件事，而是因为我喜欢才去做某件事。如果不是实在没了饭吃，我不会为了钱而去赚钱。

与物质和金钱相比，我更看重自己的喜好和原则，无论何时，我都没有因为利益而失去原则和节操，失去自我。我做事，为了梦想；我赚钱，为了生活，更为了梦想，为了精神的满足和快乐。

我从来没想过自己要成为富翁，但相信自己会成为精神的富有者。我喜欢享受，但从来不陷于物质追求之中，也不会觉得偶然吃苦就高贵。我追求生活的高品质，但更追求精神的富足；我物质上知足但精神上贪求。我能吃苦，也能享受人生。为此，我庆幸，在这个金钱社会，自己没有成为物质和金钱的奴隶。

在我眼里，真正成功而高贵的人生，是精神上的富足。

我们不妨如此看待物质之求：

◎确立自己的人生追求，是做物质的富翁还是精神的富翁？无论追求哪一种，都切记不要失去自我。

◎善于平衡自己的欲望，有节制，追求生活品质。

◎看淡金钱和物质，明白自己实际所需要的有限，得到自己需要的、属于自己的就好。

◎明白人生的真正财富来自内心；人生的真正高贵，在于精神，与物质无关。

◎贪婪是魔鬼，会让人失去本性和自我，让心灵扭曲。

◎如果你有志于追求精神的富足，不仅要知足常乐，而且要能安贫乐道，不受金钱物质的诱惑。

◎不与周围人比较，因为比较会让心理失衡，不利于精神的健康发展。

◎人生的幸福和快乐最重要，为此物质的力量远远不抵精神的力量。

或许，你会在心里说，有了钱，就有了一切。但结果呢？等你有了钱，往往会感到得不偿失，甚至会陷于另一个深渊，不能自拔。

人生的真正满足，源于不贪、知足；知足，才能有真正的快乐和幸福感。

2.看淡富贵

人都想富贵，生而富贵固然幸运，但苦尽甘来，后天得富贵，更是人生之大福。

古人云，"死生由命，富贵在天"，这不是迷信，而是说富贵难得。不是说努力也枉然，而是说努力未必就能得富贵。富贵可遇不可求。

贫穷好过，富贵难享，是说没有吃不了的苦，但有享不了的福。而且贫穷易过，富贵难守——很多人生而富贵，但能守住富贵的实在不多，能够一生富贵的更是少之又少。

富贵固然是人之所求，但生而贫穷未必就是坏事。对积极的人来说，贫穷的最大意义在于，它最能磨砺人的意志和品质，使人在清苦中奋发图强。这种奋斗精神是高尚的，有一种尊严感，因此显出生命的高贵不屈。所以，有尊严的贫穷不是耻辱，远胜过苟且来的富足。

另一方面讲，生而富贵固然是好运气，但未必就是好事。因为富贵最能见出一个人的本性和修养，最能考验一个人。如果他耽于富贵，最终必然是贫穷；如果他为富不仁，最终他会失去本性，沦为平庸，甚至坠落。

《庄子·缮性》中有一段话，引人深思：

古时自得自适的人，不是指高官厚禄，说的是出自本然的快意而无需其他。现在所说的快意自适，是指高官厚禄。荣华富贵并不出自本然，犹如外物偶然到来，临时寄托在我这里。外物寄托，到来不必阻拦，离去不必加以劝止。所以不为富贵荣华而恣意放纵，不因穷困趋附流俗，身处富贵荣华与穷困贫乏，其间的快意相同，因而没有忧愁。如今寄托之物离去便觉不能快意，由此观之，即使真正有过快意，他未尝不是迷乱了真性。所以说，由于外物而丧失自身，由于流俗而失却本性，就叫作颠倒了本末的人。

人在富贵享乐中，内心往往失去支撑，失去本性，从而失去生命中最本质、最真正的快乐。

古来圣贤，都漠视富贵。"富贵不能淫，贫贱不能移"，认为这才是"大丈夫"。孔子也说，"富贵于我如浮云"，又说，"君子喻于义，小人喻于利"。他告诫弟子"罕言利"。当听说弟子冉求参加季康子"用四赋"的改革时，指责他帮助季氏聚敛财富，宣布将冉求逐出师门，召集弟子们"鸣鼓而攻之"。

孟子更为激进，干脆说"何必曰利？"认为"鸡鸣而起，孳孳为利"者，不过是"跖之徒"。

为什么如此远离富贵？孔子视富贵为洪水猛兽，认为它与仁义道德水火不容，财富会让人失去道德。而道德之沦丧，乃社稷之大失。所以，古来君子都耻于言利，对利益和富贵多有不齿之辞。他们追求的是"达则兼济天下，穷则独善其身"的人生境界。富就成就自我，穷则洁身自好。一切适其本性，绝不失去本性。

这样的人，纵然清贫，也因为散发着人格芬芳，而远比富贵中人受到人们更多的尊重和爱戴。

相对富贵，清贫虽然少有感官的享受，但精神上却是充实快乐的。所以，古之君子，居陋室不改其志，能安贫乐道，自得其乐，内心的充实快乐可抵御物质的不足。

虽然没有名利场上的热闹，但内心自有一份安闲，这又是一种活法。不求富贵，但求心安理得，自在超然。所以，古来很多达官贵人，当认识到富贵的某种肮脏龌龊后，决然地放弃富贵，回归平凡，过简单清苦的日子。比如陶渊明，辞官归田，过耕田读书的日子，并怡然自乐。比起他从前享有的富贵，这种清静无扰的生活于他是一种真正的解脱，是真正自由自在的享福。

世俗中人，大多仰视富贵，充满羡慕妒忌恨，恨人富贵笑人穷。在国人眼里，真富贵是名门望族，对土豪则是一副嫉恨又嘲笑的心态。中国人过日子总爱攀比，比富，比贵。如果不能比富，就比贵；如果不能比贵，就比富。富了想证明自己是贵的；贵了就不把富放在眼里。比如，一些穷书生，既少真正的文墨之才，又少人格之芬芳，但偏爱咬文嚼字、舞文弄墨，以此证明自己无富而贵——有文化之贵气。大概这也是中国的一种传统心理和习气吧。

其实，在我看来，真正的富贵，是既有累世的名位物质之富，又有沉淀的君子士大夫之风。所以，真正称得上富贵的是凤毛麟角。真正的"贵"，在于内心的品位和层次。如果说传统社会中还有这样的富贵，那么今天，这种富贵几乎绝迹了。

今天，权钱与富贵等同，有权必有富有贵，与传统相比，今天的富贵似乎更少了道义标准，更少了廉耻，以富为贵，为富不仁。款爷和官员都不再纯粹，内里是权钱情交易。官员丢了士大夫精神，商人丢了诚信道德。这些人，无论家里有多少琴棋诗画和古玩藏品，也难称真正富贵。因为，他们的品位和层次不在那里，充其量只能算个暴发户。

如果为富不仁义，或者贵而不快乐、不自由，这样的富贵有什么意义？恐怕还不如平凡。

我们大多数人，生于平凡，长于平凡。我对富贵，追求但不强求，更不羡慕暴发户式的富贵。或许我今生与富贵无缘，或许清贫一生，但却力争活出自己的尊严和高贵——永远不失去本性和骨气，自食其力，自强不息，活出自己的尊严和自由。我觉得，这样的人生，才不失为高贵。

哪怕生在泥淖，也要活出卑微的高贵，活出生动亮丽的自己，这就是人性和尊严的高贵。

很多人，过得了贫穷，却享受不了富贵——贫穷时他还是自己，富贵后他不再是他自己了——他失去了自我，迷失了本性。尤其是那些暴发户，久居艰苦，积极进取，发奋向上，一朝得富，却没经得住富贵的考验，变得不可一世，骄狂奢侈，得意忘形，乐极生悲，这说明他的素质和修养没跟上。

这样的人，必然会从高处跌下来，而且会跌得很惨。而只有当他吃了富贵的亏后，才明白人生富贵的好与坏，才真正懂得人生。可见，富贵最能考验人。

那么，我们如何正视富贵呢？

◎有富贵之追求，固然是积极的，但不要因为汲汲于富贵而失去自我。

◎生而富贵，要心存幸运和感恩，善于与人分享富贵，把这个福分福泽给更多的人。与人分享才快乐，提升人品和修养，让自己在富贵中变得真正高贵。

◎不要因富而骄横，因富而奢侈淫逸，为富不仁，糟蹋富贵和自己的福分，这样最终会遭到上天的惩罚，不是倾家荡产，就是身败名裂。

◎最光荣、最受尊重的富贵是勤劳致富，是水到渠成的集腋成裘。

◎贫而乍富，切忌得意忘形，失了本性，让人反感。要在财富增多的同时提高品位和修养，否则只能是个暴发户，成不了真正的高贵。

◎所谓富不过三代，要珍惜富贵，要惜福惜富，不要浪费，暴殄天物，永远要居安思危，不要忘记当初的穷苦日子，不要忘本。

◎人生有贫有富时，很正常。人生四季，不可能总是一路高亢。如音乐之旋律，要抑扬顿挫，有高有低，这样才能弹奏出深沉的生命之歌。

无论穷富，心理建设和修养最重要。有修养的人，无论穷富，都能安顿好自己，能吃苦也能享受人生。他永远能平衡好自己，调整到最佳状态。他不会为富贵所束缚，成为物欲的奴隶，也不会因贫穷而自馁、堕落。总之，他不会迷失自己。他漠视富贵，也安于贫穷。无论贫富，他都积极体验，把一切都当作生命中不可避免的存在，真诚生活，保持平常心。

一个人愿意放低姿态，以平淡之心面对人群，这样的人，才是真正尊贵的人。

人的高贵，是自己给的，与别人无关。尊贵不在于外在的权位与富贵，而在于人格和尊严。

3.自在的权威

一次，在一本书上看到一个词：自在的权威，很是喜欢。什么意思呢？就是说，一个人没有名位和权力，但在周围却有着很大的权威和影响，有着众多的粉丝。

孔子，可以说是一个把自在的权威发挥到极致的人。

孔子没有权力和地位，甚至没有功名，但他产生的影响却超过功名，他的权威超越了权位，形成了一种自在的权威。这种自在的权威，不需要依附于权力和地位，也不需要名声和金钱，这是一种真正的权威。

早年，孔子也曾求取功名，为此奔走帝王官宦之家，但宦海沉浮，坎坷不遇，理想和现实的距离太遥远。最终，他对统治阶级失望，弃政从教，放弃仕途之求，转而从事教育，传道解惑，教化万民，以这种方式宣传自己的政治和文化思想。

孔子从教后，三千弟子，七十二贤人，桃李满天下，个人声名随之扩大，在社会上产生了广泛的影响。按他当时的影响，他可以在政治上有所作为，但他最终放弃了仕途，毕生从事教育。

或许他看到了政治的局限性、名位的短暂性。人们为了权力地位，为了名利，你方唱罢我登场，但最终能怎么样呢？不过昙花一现。与思想和智慧相比，权力算得了什么？

儒家尊称孔子为"素王"，是说以他的能力和权威，完全可成霸王之业，但他不去那么做，只做传道授业的事情。他本人"述而不作"，但他的思想，通过其弟子们得以传扬，流传深远。他在当时就得到广泛的尊重，树立起自在的权威。

孔子的选择是明智的。的确，思想的力量无穷，只有它可薪火相传，代代不已。这是孔子的远见卓识。为此，他耐住寂寞，专心学问。

孔子清楚地明白，真正的成功是千秋功业，真正的成名是流芳千古。果然，在他身后五百年的汉朝，他被尊为万世之师表，上自帝王，下至百姓，奉若神明，被尊为"圣人"，流传至今。

权力在现世是有力量的，它可以解决很多实际问题，让人感觉到威慑——不论下面的人是否愿意，都必须受制于权力。掌权者，高高在上，可作威作福，可以权谋私，这就是权力给人的享受。

权力一朝失去，现世的威力轰然倒塌。人走茶凉，权力没了，冷遇来了。人情是势利的。权力看似有力其实没有力量。

而一个没权但有自在权威的人，看上去渺小但力量很大——他周围聚集着众多追随者。人情又是公道的，对道德和思想是膜拜的。一个没权的人的力量可以很大。

自在的权威，力量无穷。这无穷来自于强大的思想。

可见，不在呼风唤雨的权力中心，同样可以成为"王"。这就是孔子的自在权威给我们的启示。他不用武力和权力，他用道德思想俘获人心，这是最大的征服力量。

宋代大儒张载说："为天地立心，为生民立命，为往圣立绝学，为万世开太平。"这是怎样的气魄？天生一种舍我其谁的神圣使命感。我十分喜欢古代士人的这种精神。还有那句"穷则独善其身，达则兼济天下"，清高的背后是功业不朽的思想。而范仲淹的那句"先天下之忧而忧，后天下之乐而乐"，心中有万丈豪迈。"天下兴亡，匹夫有责"，要求自己有责任地活。所以，中国民间有这句谚语，"人生不满百，常怀千岁忧"，生命有限，却可追求无限的"长生"之意义。正是一份高尚的追求，才能超越平凡的生命，树起自在的权威，成就圣贤地位。

对此，今天的知识分子应该汗颜。当下社会，权力和金钱至上，文化人失去骨气和高尚的追求，哪能树立自己的自在权威？在当下，社会没有自由的风气，而且在文化人眼里，古代圣贤的追求实在太理想主义，何如及时享乐？

时代不同了，很多人丧失了高远之志，而汲汲于名利。但我宁愿相信，有着高尚追求的人还在，只是我们没发现。历史就是现实，历史不停地在重演着，不同的也许只是形式。今天，也许更需要圣贤的出现。

同样是人，纵有先天的差别，是什么造成了后来的差距？我想，根本来说还是追求。追求不同，境界不同，人生不同。心中有超凡的丘壑，有非凡的经历，有超凡之举，才能树立超凡的权威。

对普通人而言，圣贤之自在的权威离我们似乎很遥远。但圣贤也是人，圣贤之道是人皆可学的。事业虽有大小，但道理是一样的。大到想成就一番事业，小到和谐人际关系，都需要树立自己的自在权威。一个人有非凡的理想不难，难的是能把自己的理想付诸实践，获得更多人的认可，树立起自在的权威。

那么，我们在平时该如何培养自在的权威呢？

◎志存高远，对自己的人生有一份较高的期待；心有神圣，怀一份宁信其有的执着。

◎为了理想，上下求索，不懈努力，不仅要提高自身的实力，而且要不断修养完善自己，让自己德才兼备，把自己铸造成器，自然会获得别人的器重和尊重，树起自在的权威。

◎在成就自己和实现自己的同时，让自己的能量惠泽他人和社会，最大限度地扩大自身的生命价值。

◎自在的权威本身没有高低贵贱之分，与现世的权势和地位无关。就像权位、金钱与尊严无关，成功、富贵与品位无关一样。

◎真正的权威，无需权力，无需看他人脸色。只要不失尊严和骨气，就会拥有自我存在感。他的存在感就是他的价值，他有足够的个性和光辉去感染人，愉悦人，帮助人，影响人，让人对他敬畏、仰视、崇拜。

◎不只是圣贤人物、有非凡成就的人物有自在的权威，小人物也有，比如一个环卫工人在那里默默扫地、捡拾垃圾，一个学生在那里托腮读书，都让人起敬。此时，他们都有一种自在的权威。

◎自在的权威不是自大，自以为是或者自我炫耀的人，是不可能树立自在的权威的。

◎自在的权威，是真正的人品、道德、修养和能力的体现，是一种自然的流露、低调的智慧。

　　或许你无权无位，无名无钱，活得很平凡，甚至很艰难。但是，只要你心中未泯灭神圣的追求，不降低生活格调，有责任、有尊严地活着，就能获得别人的尊重，自有一份不可撼动的力量，有一份自在的权威。

4.出名没道理

人都想出名。出名既满足虚荣心，又满足功利心。名与利向来是连在一起的，有名就有利。可以说，名气是一个人最大的价值附加所在。

张爱玲还是文学少年时，就自励"出名要趁早呀"，这是她的功利心，也透露出一份自我期待。

但出名并非易事。有人因成功而出名，有人不成功也出了名。其实，一个人的成名，不仅没有一定，而且可能只是出于侥幸和偶然，有时，实在没什么道理。

刘勰是中国历史上的著名文学理论家，他所著的《文心雕龙》，被视为中国古代最高的文法，从事文学的人，没有人不读他这本书的。但是，据说刘勰的成名，也有些莫名其妙，不可思议。

刘勰自小在寺庙里长大，当他想成名时，写了一篇文章，去拜访当时的大文豪沈约，请求他的指教和推荐。沈约瞄了一眼他的文章然后就放在一旁，对他说："还早呢，年轻人，慢慢来。"

这一下，刘勰受了很大的打击，但他非常聪明，懂得沈约的心理，一声不响地回去了。

半年后，刘勰又把原来的那篇文章稍稍改动了一下，然后再一次拿给沈约，说："这篇文章，是一位古代的大文豪绝世的稿子，被我找到了，请您批评一下。"

沈约接过来阅读，一字一叹，大为叫好。

但等他读完了，赞美了半天，刘勰才说："这就是半年前送来请您批评的那篇文章，当时您说不好，但这就是我做的那一篇啊！

沈约当时十分尴尬，内心感叹后生可畏。

可见，人的成名，实在没什么道理可言。

能否成名，没什么道理可言，是说它的偶然性，以及不可复制性——偶然而侥幸的成名，出人意料，其出名与实力关系不大，而与运气相关；他以此出了名，但不代表你学习他之后就一样出名。

换句话说，很多盛名其实不符，就是说名不副实。其实，很多名声在外的名人，当你与他接触时，也并不觉得他有什么了不起。名人的神秘面纱，往往是社会给他罩上去的。所以，对名人的崇拜不可盲目，不可追风，要保持清醒，要适可而止。

成名更有不可预知性。要获取成功必须实力雄厚，而成名则不尽然，或许说未必。有些出名，不仅是侥幸，而且是歪打正着，甚至是不讲原则节操，是"恶事传千里"。就像现在，很多人为出名不择手段，没有底线，为利益而炒作名声。

名声有好有坏，判断的标准是道德功业，而非名气的大小。很多所谓的名人，对社会的影响未必是正面的。古人求"令名"，要好名声，重名节。比如写文章，肚里有真知灼见但不敢以真名示人，而假托古人。他自知没名气，人微言轻，所以托古人之名，抒发个人情志。不是不想出名，而是不急于求名，不图一时虚名。有自知之明，所以谦虚。

今天，人们争名夺利，完全失去这种谦虚，争名趋之若鹜，求之唯恐不及，无所不用其极。为出名挖空心思，不择手段。出名靠炒作，只要能出名，管它好名声坏名声。不少人在恶炒下一夜成名。于是，有些人坐不住了，也开始效仿，一时成为时风。秀自己，晒自己，都是高调的。这些靠炒作而出的名气中，有多少水分？有多少是昙花一现？可见，如今的出名，更没什么道理可言了。

有名气，光彩照人，自己得意，别人也羡慕眼热。但是，出名的同时也伴随着苦恼：出名了，就有了巨大的附加价值，容易被社会利用，产生名声之累；没了自由，甚至更孤独了；还要顾及自己的言行……

没名时，想出名；出了名，也有烦恼。"人怕出名猪怕壮"，出了名，光你自己得名得利不行，社会也得在你身上捞一把，也许这是出名的代价吧！

名声是虚的，不必太在意。就算是好名声，其实也不过"虚名"一场。一个名人，难保一世清名，也难保出名后会寂寞：名声让人远离了普通人；而且名声很短暂，很快就被人忘记，繁华过后是落寞。

出名也许不难，难的是名气一直在。对一个名人而言，能让人记住五十年，就已经很了不起了。很多名人如同云烟，在我们面前一晃而过，很快消失。所以说，名声终是虚的。

真正的名是水到渠成的功成名就，实至名归，绝非偶然侥幸所成，更非炒作或由歪门邪道而来；真正的名，既出自实力和成功，又出自人品和道德；真正的名，既有当代之功，又有千秋之功，是千秋万代之名。比如"素王"孔子，其名声和影响远超过帝王将相。所以，真正的名经得起时间的考验。

功名之心，人皆有之。尤其领导者、帝王将相，哪个不想自己青史留名呢？有些人，甚至为自己树碑立传，想求万世名，只是越想这样做，越难免被历史长河所淹没。相反，那些不图虚名、重实干的，却青史留名了——他不必自己树名，百姓自然为他树碑立传了。比如唐太宗李世民，《资治通鉴》第一百九十五卷有记载：

贞观十二年（公元638年），著作佐郎邓世隆上表，请求收集唐太宗写的文章。

李世民说："我的辞令，对老百姓有用的，史官都记录下来了，足可以不朽；如果没有用，收集了又有什么用呢？梁武帝萧衍父子、陈后主、隋炀帝都有文集传世，但能挽救他们败亡的命运吗？作为君主，应该担忧的是不施德政，光靠文章有什么用？"

于是不允。作为政治家的李世民，重在实务，不图文章功业。因为明白，自己的所作所为，足以名垂青史。

像李世民这样身居高位，却不为自己标功颂德的，也实为难得了。他知道，真正的名声不是自己树起来的。

人都有虚荣心，难以超越功名之心。为了名，为了利，我们奋斗不止。名声是虚的，但因为它与利相连，所以为人争竞；争名逐利，也许会感到也没什么意思，但这正是人生的动力。虽然名有大小、真假，但人们为了出名的热情，却是一样的强烈。

出了名，得了利，出人头地，万众瞩目，风光无限。但最终又能怎样呢？名声把握不好，不仅累了自己，甚至会害了自己。在得到了一直想要的名声后，也许感到得不偿失，生活并不像自己想像的那么美好。出名也许有了利，但不一定就会获得真正的人生幸福和快乐。

所以，对于出名与否，我们要有一份正确的认识：

◎出名要争取，但不要汲汲于名。

◎一个人的出名，其实没什么道理。尤其是侥幸出名，不是个人意志所能决定的。

◎侥幸得来的名声，经不起时间的考验，不会长久。

◎真正的名，是实力和时运结合的结果，是让人真正信服和仰视的名。

◎出名了固然是好事，但努力奋斗不能成名，也不必耿耿于怀，把名声看得淡一些。

◎一旦成名，要清醒，不要因此得意忘形；也避免受名声之累，被人利用。

无论能否成名，随着成长，我们会对人生真谛多一些认识，少一些虚荣，懂得脚踏实地、安分朴实地活着。那么，原来不为自己所倾慕的"名"，不必自求，自然而来。

5.无所谓毁誉

"谁人背后无人说，谁人人前不说人？"人活在世上，耳根难以清净。说我好，我就高兴；说我不好，我就不爽。但其实，无论好坏话，我们只有任其说；无论别人如何说，我们最好不要在意，否则会难受。

所谓毁誉参半，人都是似好非好，似坏不坏，不好不坏，没有绝对的好与坏。所以，对人的评价难有定论。都说"盖棺定论"，其实，纵是死后也难以下结论。有多少人没展现真实的自己？又有多少人被误解？比如李鸿章，生前死后，人们对他都是毁誉参半，死后多年，他又不幸被掘坟抛尸。他到底算是好人，还是坏人？虽然历史最终给他一个较客观的评价，但由此可看到，人在别人眼里的形象，不是单纯的，也往往难有客观，尤其是与政治挂钩的名人。关于他的评价，哪些是客观的？哪些是有政治目的的？这既需要我们明察秋毫，也需要时间来验证。人只是一个单个的人，只有从人性的角度看他，结合他生活的时代和环境，才能客观地看清他。

一切被误解的人，历史终会还给他以本来面目。所有人，在时间的淘洗下，都会还原出他的真面目。当然，还会存在种种误解或曲解。对当事人而言，死则死已，无所谓是非毁誉了。重要的是，活着时，做了自己想做也该做的事，对己对人无悔无憾，这就够了。

做人难，做一个让很多人伸出大拇指的人更难。纵使你坚持做好人，天天做好事，也难以让所有人点赞。既如此，不如两耳不闻闲言碎语，毁誉不惊，功罪任人评。一个人应该有这种姿态：不在乎别人怎么说，专心致志做自己的事。借用但丁的话："走自己的路，让别人去说吧！"

然而，我们有几个人能做到毁誉不惊？

先说誉。每当做出点成绩，没等别人肯定，自己先洋洋得意起来。尤其经过一番努力，名利双收时，社会上各种荣誉扑面而来，门庭若市，自己就像一个宠儿，被捧得高高的。此时，难免不自我膨胀，生出骄气来。而当你骄傲任性时，也就开始走下坡路了。

再说毁。我们生活在复杂的社会里，与各色人等打交道，人心难测，难保没人说你坏话。当面攻击算是好的，最怕的是背后诋毁，造谣中伤，从背后给你放一冷箭，黑你一下子，甚至给你个莫须有的罪名，将你推到万劫不复的境地。人言可畏，一口唾沫能把人淹死。话说多了，是祸。就算你坦荡无私，老老实实做自己的事，也难保没有麻烦和厄运找上门来——很多时候，小人见不得你好好做点事，非把你弄下来不可。为什么呀？因为你不是他的妒忌对象，就是他的进阶阻碍。倘若你被人这样无中生有，被人无端黑一下，你心里能不憋屈吗？你还能做到淡定吗？个人利益和安危都受到了威胁，你还能以问心无愧之心态来保持淡定吗？对于无关大碍的诋毁，大可不必管它，随它去；对于涉及权益安危的中伤、构陷，能不保持警惕吗？

可见，对于誉，不必太在意，不必太当回事儿；对于毁，还需认清它的性质，以保护自己。

一个人应该有这样的清醒意识：那个当面会说你好也会说你不好的人，是值得信任的人。你骄傲时，他说你不好；你气馁时，他说你好。这个人，不是亲人，就是朋友。

为什么难以做到毁誉不惊？因为虚荣得失心。我们既看不透名利，也看不透社会人心，为此耿耿于怀，而且作茧自缚，难以自拔。人世纷攘，皆为名利，繁华纷呈，迷离人眼，让我们对己对人都失去了理智的判断力。

身居权位，难掩骄矜，耳边都是好听的，于是再难听到真话。一朝败倒，朋友星散，诋毁纷至。人情势利，世态炎凉。磨难锻炼人，富贵更考验人，一个经历过大起大落、大富大贫的人，才可能真正懂得人生，面对毁誉才能做到真正的淡定。

一般世俗中人，因为不能把握自己的人生，个人名利依附于别人，难以做到毁誉不惊。今天领导表扬一句，心里晴朗一天；领导冷眼一次，一天心里忐忑。我们大部分人，都在这么被动苟且地活着，看着一张不喜欢的嘴脸，受着窝囊气，随波逐流，平庸一生。活得小心谨慎，安分守己，要么和事佬，要么墙头角，要么趋炎附势，要么明哲保身，生怕有人说自己坏话，否则难以生存下去。

如佛家所说，我们大部分人在"被逼迫"下生活，怎么说自己不苦呢？为生存巴结上司，为梦想拼搏人生，都苦。但追求不同，苦境不同，生活品质有高下——前者是平庸被动的苦，后者是主动打拼的苦；前者毁誉靠别人，后者无视别人的毁誉，自己主宰人生。显然，后者因主动活得更有尊严、更幸福。

倘若能做到不依赖于人，不求于人，独立自由，就不在乎别人的毁誉，活得更有尊严；倘若一个人有足够的修养，无论穷富，都能看透人生，看淡名利，就不在乎别人的毁誉，为自己而活；倘若一个人明白自己在做什么，心有自信和坚守，就会坦荡磊落，笑对一切误解甚至诋毁。

虽然我们看不透人生，我们仍在不知疲倦地追求成功，追名逐利，但应该明白：其实人生一切如浮云，所以不必为成败得失和名利牵绊，这样，就能真正做到不在意别人的毁誉。有此心理底线，就会有更多定力，不会为人言所惑，被它左右，转而追求内心的丰富，拥有充实幸福的人生。

要做到不受毁誉左右，不妨抱着如下心态：

◎有自知之明，明白自己的方向和需要，不因誉而骄，不因毁而馁。

◎面对他人的诋毁，在保持清醒的同时，学会保护自己，有必要反击时才反击。

◎心怀梦想，追求成功，但是为梦想而战，而不是汲汲于名利，不被成败得失所束缚，不为毁誉所左右。

◎明白名利富贵皆身外之物，能积极入世，也保持一份超然脱俗的心。这样，人生贫富苦乐，皆变得轻松淡定了。

◎坚持自我，坚守本真，有份宁信其有的执着，不随波逐流，不左顾右盼，不为外物左右，内心不倒，无论外界如何变换，都能以不变应万变，不迷失自我。

◎自觉修心养性，心宁静，才有定力，在虚静中专心致志，提高层次品位，修养境界，提升智慧，拥有力量。

◎怀一颗平常心，无论毁誉，都会坦然接受，把自己调节到最好的状态，弹性生活，既能吃苦也能享受人生。

如此修养自己，以自己的方式和风格，走自己的路，就会最大限度地做到毁誉不惊。

人有定力，正念坚固，如净水无波，不随物流、不为境转，坦坦荡荡，从而能够在宁静中专心致志，有所成就，活出坚强有力的人生。

6.平凡的幸福

人都有功利追求，难以做到安于平凡。

儒家追求"立功、立德、立言"人生三不朽，认为一个人唯有如此，才能超越有限的生命，做到身后留名，死后不朽，让人长相忆念。如此，才能感觉没白活一生，人生的辛苦没有白费。

现如今社会浮躁，人们更是急功近利，争名逐利。只是与古人不同的是，比起身后名，人们更在意现世的名利。古人重名节，追求功名但不失气节；今人重功利，求名不求节操，没有下限；古人的功名重在个人修养，今人的名声与做人无关。只要成功了，只要有钱，不问他的钱从哪里来，就为世人所崇拜。

佛家认为，人生之苦源于名利之欲求，放不下。为了梦想，为了证明自己，为了做给别人看，也为了更好地享受人生，于是，我们力争上游，奋力拼搏，追求成功。我们总是以为，只有成功了，我们才能体验到更丰富的生活，人生才会更幸福。

有野心的人，自许更高，功名之心更重。虽然人生短暂，但他们总想在有限的人生中，创造无限的意义，要成名成家，要"人过留名"，活得不朽。他们不甘于平凡平庸，总想做点事，才觉得活得过瘾，才不枉此生。

但其实，为了这个成功的梦，我们又付出了多少？失去了多少？只有自己知道。而且成功之后，那种满足感是否和之前想像得一样美好？是否得不偿失？功成名就之后，荣华富贵之后，是否真正体验到人生的幸福？相信也只有自己知道。

为了这个梦想，我们又有多少多于常人的烦恼和痛苦？这个也只有自己知道。

我也算是一个为梦想而生活的人。为了梦想，我亲手埋葬了自己的初恋；为了梦想，我放弃了自己安稳的工作；为了梦想，我选择做北漂、做房奴；为了梦想，虽然至今还没有获得自己想要的成功，但不改初衷，坚持走着一条注定辛苦而不肯回头的路……

我遵从内心，按照自己选择的方向走着，如果说我的人生有什么成功的话，这就是我最大的成功。为了我的梦想，我付出了多少代价，有多少烦恼和痛苦，在表面风光的背后，有多少辛酸和无奈？滋味唯自知。

我的很多同学，包括起点远不如我的同学，很多都做到了单位的中层领导，成为有权有钱的阶层。而我，还是"百无一用"的书生、穷酸的文字匠一个。自然，我远没有人家成功。我的所谓成功，也只不过是我一直在坚持做自己喜欢的事罢了。

我虽自认追求得高尚些，但也不能免俗，我也时常羡慕人家的成功，鄙夷自己的失败。但最终，我还是选择做这份没有出息的工作。

开始有羡慕妒忌恨，随着年龄的增长，越到后来，名利心越来越麻木，反而更加乐天知命、知足惜福。虽然梦想不泯，但对于成功名利，我已经淡然了。

别人的成功和风光，别人的大福大贵，我已不再眼热，因为那是人家的生活，我只一心一意地追求属于自己的那份幸福生活。

只要做自己喜欢又能做的事情，只要与我爱的家人在一起，只要有我臭味相投的朋友，只要有一口粗茶淡饭，只要身体健康，我就已经很满足，感到拥有人生的幸福了。

梦想尚未实现，已看淡名利；富贵尚未体验，已历尽辛酸。人生苦短，人生如梦，人生也许没什么意义，不只是名利，即便梦想和成功也如同镜花水月，甚至是身后名，那是社会的眼光，于个人生命的意义又有几何？

不再汲汲于成功，我少了很多痛苦；安分知足，做自己喜欢的事，我的幸福感与日俱增。

有梦想、对自己的人生有更高要求，是好事，但同时也会有更多的烦恼和痛苦；功成名就虽然让人羡慕，但却要付出比常人更多的辛苦，还要失去很多常人的幸福和快乐。或许，这是人生无法超越也躲不过的一个悖论。或许，越简单平常才能离幸福越近。

烦恼和痛苦源于求的多和执着。而幸福和快乐，其实与成功名利并无必然的联系。

梦想和欲望对人生的最大意义就如同动力和驱动器，让我们充满力量地前行；而简单和平凡，却是我们人生的常态，更能令人领悟人生的真谛和体会幸福。

成功的意义更多地满足了虚荣心，做给世人看，而人生的幸福和快乐，只与自己相关，于自己最重要。你成功了，风光无限，但是否幸福快乐，唯有自知；你平凡如素，甚至孤独寂寞，但未必没拥有真正的幸福和快乐。

人生的幸福和快乐，与功名无多大关系；平凡和清贫，也不会降低一个人生活的层次和品位——人生所需要的很少，只要知足，每个人都有能力获得幸福。

幸福和快乐，源于不失本性，不失自我，不失单纯，听从内心的呼唤，做自己喜欢的事情，按照适合自己的方式生活。

其实，一个善于生活和调节自我的人，无论境遇如何，都能让自己活得自在幸福。

明朝诗人陈继儒说过："若能随遇而安，不图将来，不追既往，不蔽目前，何不清闲之有？"

人生处处有风景，能否看到，全在于你是否有发现美的心灵。过度执着于名利之求，也是不完整的人生。能成功固然好，但如果达不到呢？成功可以追求，不能勉强，与其勉强，徒增执着之苦，不如怀一颗平常心，顺其自然。少一份压力，多一份沉静，踏实知足，才能幸福快乐。

当下社会，人们都得了"成功综合征"，眼巴巴地盯着各种成功人士、各种名人，学习模仿，马云、刘强东的成功都想复制，孙俪、范冰冰的光华都想复制。其实，那是人家的成功，与你何干呢？学习可以，但仅是参考，你还要创造自己的成功才行。一味盲从，分明是缺乏自信的表现，怎么可能成功？

在一个强烈的成功欲望的驱使下，我们被急功近利的社会风潮驱赶着，很容易迷失自己的方向，失去理智，突然不明白自己需要什么样的人生。很多人，像一粒流沙随波逐流，完全不能自主。怀着对人生价值的疑问和失落，受时风影响，对人生的幸福和快乐产生错觉，以为别人的幸福生活，也该是自己的幸福生活，也不问问自己：那适合自己吗？是自己真正想要的幸福生活吗？

每个人都有自己的成功之路，自己的成功之路只有自己努力去创造，墙头草一样盲目地学习别人，只能让自己变得更没有方向。

成功不能复制，不能勉强，不能执着，所以，最好在积极行动的同时，怀一颗平常心，这样才能永远自我主宰，不失去在平凡中感受幸福的能力。

那么，我们如何培养在平凡中感受幸福的能力呢？

◎追求成功，但不勉强成功，不因执着而痛苦，努力的同时抱一颗平常心。

◎看淡名利，明白即便取得成功未必会获得幸福，即便平凡未必过得不幸福。

◎明白平淡是人生的常态，要学会在平凡、平淡中寻找人生的幸福和快乐。

◎欲望不多求，只求属于自己的那一份，乐天知命，知足常乐。

◎无论贫富，无论处于什么境遇，皆能泰然处之，能享得起富贵，也能耐得住贫穷，把自己调整到最佳状态，善于平衡自己。

◎幸福源于自己对自己人生的把握，源于充实而宁静的内心，要
永远不失去自我，不断丰富内心，修养自己，提高在平凡中感
受幸福的能力。

◎判断幸福的标准唯有自己掌握，你是否感到幸福，只有自己知
道，不要让自己的幸福被别人左右，也不必在意别人的眼光。

第四章

为人处世的智慧

1.人情世故真学问

从某种角度说，人情世故，比起学知识、做学问还重要。学习、做学问的目的，不就是做人做事吗？做人是做事的前提，做好了人才能做好事。而做人，就要懂得人情世故，很好地与人相处。

懂得人情世故，就是明白人生、社会、人与人之间的关系，明白人性、人情和世态。有这方面的情商，才有能力应付来自外界的困扰；懂得人情世故，就既能正确对待自己，又能正确地看待他人和社会，既能很好地保护自己，也能充分尊重他人，无论遭遇到什么不平、不公，都能坦然面对。

俗话说，"人情是大事"，"世事洞明皆学问，人情练达皆文章"，说明人情世故是真正的学问。对世态人心的理解和把握，是一个人重要的修养。

一个人从小到大，在不断的成长中，要立足社会，自食其力，也要了解人情世故，学会为人处世。这样，做人与做事才能更好地结合。有能力却不通人情世故，往往会处处碰壁；但通晓人情世故，能力稍差也能立足社会。懂得人情世故，是为人处世的重要能力。

这里的人情世故，不是指圆滑、世故、城府，而是指人性、人情和世态，以及一些约定俗成的规矩。如果不懂得这些，如何立足社会？如何待人接物？唯有懂得人情世故，才能知道自己该做个什么样的人，以一种什么样的姿态面对人生。

有些人颇有才华，但不谙世事人情，锋芒毕露招人妒，以致失去不少机会；有些人有才德，但清高不群，人品虽不错，但因少人缘只能孤芳自赏，难有大发展；有些人有能力、有成就，但人品不佳，也难说会取得真正的成功。与之相对，有些人有才德，并善于团结人，所以能做出更大的事业；有些人能力不高，但待人接物有修养、有风范，他就能得到更多支持和帮助。可见，通晓人情世故，是成功的重要素质。

但凡有些经历的人都认为，为人处世是一门大学问，这学问书上学不来，也没人告诉你，最好自己用心体会和领悟。当然，真正了解人情世故需要一个过程，它伴随着自己的成长和成熟。只要你用心体会，自觉修养，善于从经验中积累经验，沉淀智慧，就能日益通晓人情世故，提高处事的能力。

有些人经历过苦难，心里有阴影，心理建设没跟上，对人对事很敏感，有抵触心理，不相信人，也不同情人，甚至对社会和他人有仇视心理。我认为，这是不通人情世故的表现。

我曾经有位同事，也是我的朋友，我们以姐妹相称，一直关系不错。我十分同情她的身世，也欣赏她的好学上进。虽然她有些不爱相信人，似乎处处设防，但我宁愿相信这是因为她受过一些伤害所致。但有一天，当我偶然在她的电脑里发现她在日记里这么写我时，我大吃一惊：

"是的，我们是大家眼里的同事和朋友，但我恨她，妒忌她，她的出身、相貌、才华都比我强，而且领导看上去似乎格外欣赏她。这真让我不舒服！是的，我们表面上无话不谈，情同姐妹，但我从不相信她，也不打算和她一直相好，一切不过是表面的——毕竟是同事，不是真正的朋友。我怎么可能和她真正好呢，我巴不得她有一天也倒霉呢……"

我一下子感觉到她的陌生。原来，在我眼里一直单纯可爱的那个妹妹，原来心里藏有这么多对我的成见！天哪，以后我该如何与她相处？

后来，有一次，我了解到她在背后说我的坏话，甚至造谣我跟领导有暧昧关系，这是领导告诉我的。领导跟我说这话时，我哈哈大笑，领导也哈哈大笑。我们觉得对于这样的女孩，只有一笑了之。

她出身于农村，从小母亲自杀离世，她与父亲、哥哥相依为命。由于家贫，加之缺乏母爱，她自小有些自卑。她曾经恨自己的家庭，恨死去的母亲，恨无能的父亲，甚至恨同情她、帮助她的人。

由于家贫，她没上完高中就辍学了，到南方打工。在南方，她吃了不少苦头：曾经数日没有饭吃，流落街头；曾经被骗入传销组织，差点丢了性命；在工厂打工，被老板训斥，被同事欺负；网恋一个已婚男人，差点被强奸；几乎身无分文要打道回府时，她找到了一份打字员的工作……

命运对她的确有些吝啬，但好在她有一颗倔强的心。经过刻苦努力，她终于如愿当上了一名文员，最终做到了自食其力。

一直以来，我很同情她，希望能给她一些帮助。想不到，她如此看我，甚至背后恶毒地造谣生事。真是人心难测呀！

后来，我听说她找到了自己的真爱，并很快结婚了。当我想向她表示祝福时，却无法联系到她：手机号变了，QQ里的她不知何时也消失了……对此，我只能苦笑一下。

回想种种，我以为，是她自小的不幸、苦难的经历，让她的心灵产生了阴影，产生了某种扭曲：不相信人，防范人，以致以伤害他人来保护自己。苦难在考验人的意志时，也会磨砺人的品质。品质则需要自觉地修养，否则，在苦难面前，人心会因为失衡而扭曲，产生对他人、对社会的仇恨心理，失去对人情世故真正的判断力，从而会失去真正的朋友。

为了保护自己而仇恨他人的心理，在带给他人不舒服的同时，也会给自己带来痛苦。

那么，如何做到懂得人情世故呢？

◎明白人情世故是人生真正的学问，通晓它才能更好地做人、做事，游刃有余地活着。

◎了解人情世故需要在生活中用心体验领会，需要体察世态人心，了解人性、人情，认识人性之善恶，了解世态之炎凉，明白社会人情之复杂。

◎自觉修养，完善自己，做好一个人，与人为善，择善而从，从善如流，有充分的魅力和能力与周围人友好相处。当然，面对假恶丑，也有能力应付以自保。

◎了解人情世故，不是要失去个性和自我，向社会妥协，人云亦云，随波逐流，迎合趋奉，失去独立个性和人格。

◎了解人情世故，不是让自己变得世故老道，成为势利眼，见什么人说什么话，左右逢源。那不是通晓人情世故，那是庸俗。

◎纵使经历苦难，遭受不公平待遇，也要坚守正道，相信真善美的主流力量，不把人情世故看偏，不仇视社会，避免负面情绪和心理扭曲。

◎社会、人心复杂多变，世态有炎凉，这都很正常。不与什么人较劲、争短长。没有人总是与你过不去，只有自己与自己过不去。

当然，总有些人看上去不顺眼，总有些事让人窝火，但又能怎样？不必太较真，世界本不完美，人生本有遗憾，人亦无完人，所以，对人、对事都不必苛求，做到尽心尽力、问心无愧足矣。

明白此道理，才能领悟人情世故中的大学问。

2.巧言者鲜仁

孔子说："巧言令色者，鲜仁矣。"意思是，那些只会说好话的人，必非有德有仁之人。

然而，我们人都有个特点：谁都喜欢听好话，不喜欢被反对。大概这是人性。所以，那些巧言取媚者，就容易得人心，讨人喜欢，而面对直言自己的人，即便明知人家说得对，心上却老大不悦，面子上难挂住，甚至以为对方在故意打击自己，心上难宽广，生出恨意来。

怎么不想想，那个人为什么一味对你说些甜言蜜语呢？是出于善意的鼓励，还是有求于你？你一定要心上明白，否则难免被巧言迷惑，被他利用。那个人为何直言批评你？是有意要打击你，还是出于良苦用心？你一定要心上明白，否则你会失去真正的朋友。

语言虽反映心声，但却不能完全代表心声，所谓言不尽意，辞难达意。语言不过是人类自己发明的沟通工具，它的作用是有限的，仅凭语言来衡量也是不够的。所以，我们不仅要留意自己的言语，而且要注意审视别人的话。什么人的话、什么样的话可以听进去，什么人的话、什么样的话最好当耳边风，这个要心里有数。所以，语言既不能任性来说，也不能随便来听。

事实上，我们大多数人心里都明白，那些花言巧语者，往往不大厚道，甚至心存不轨。

口蜜腹剑的故事就勾画出了小人取悦于权贵的丑陋画面。

唐玄宗时的兵部尚书李林甫，书画水平都不错，但为人却很差，做官也不合格。他一味奉迎圣意，而且用不正当手段结交后宫。

因为他善于巴结，取悦于人，得到玄宗喜爱，皇上的后宫妃嫔们，因为收到他的很多好处，经常在皇上面前对他多有美言，皇上对他更加信任。甚至，李林甫一度成为皇上的宠臣，风头一时无两，身居高位近二十年之久。

李林甫为人狡猾阴险，但外表却一团和气，给人满面春风之感。他不仅取悦于皇上，对一般人也十分友好，嘴巴又甜。他这种表现迷惑了很多人。若非与他打过交道，很难了解到他的阴险。他笑容满面和甜言蜜语的背后就是阴谋诡计，满肚子坏水，今天算计这个人，明天算计那个人。

时间长了，人们对他有所了解后，背地里都说他"口有蜜，腹有剑"，就是说，嘴上甜甜蜜蜜，心中利剑害人。

　　唐朝还有个李义府。李义府平日看上去十分忠厚温和，不管和谁说话，他总是先咧开嘴笑，十分热诚，好言好语，让人感觉舒服，但他内心却刻薄、奸诈，常阴谋害人。时间长了，狐狸尾巴也就露出来，于是人们都对他的为人有所了解了，背地里说他"笑里藏刀"。

　　像李林甫和李义府这样的小人是非常可怕的，因为他们言行不一、表里不一，若不小心，便要上当受其害。所以，"口蜜腹剑"和"笑里藏刀"既是对这一类小人的总结，也告诫好人一定要对他们多加防范。

　　那些以谗媚为能事的人，多不干正事，没能力做大事，于是以巧言魅惑、取悦并利用他人。所以，孔子说："巧言令色者，鲜有仁者。"事实的确如此，那些不善言辞、木讷口吃的人，也许最淳朴、可信；那些挤眉弄眼，甜言蜜语的人，也许最不值得信任。倘若心怀真诚，就不需要任何伪饰，总会自自然然地表现出来。

　　正人君子洞察世事人心，不屑于与巧言善媚的势利小人为伍。

　　战国时，宋国有个叫曹商的人，专好取媚于权贵，对一般人却看不起。

　　他到宋国，对宋王一番甜言蜜语，又代宋王出使秦国，宋王赏给他很多车辆，他坐上去得意扬扬，十分威风。他到秦国，又对秦王甜言蜜语，讨得秦王欢喜，送他很多车辆。他更加自以为了不起，得意忘形。

　　一天，他来拜访庄子，挖苦庄子说："你住在这破旧的茅屋里，靠编织草鞋过日子，饿得面黄肌瘦，却没事似的说说笑笑，我真是佩服你，但我认为这是你的短处。而我，如果遇到万乘的君主，就取悦于他，讨得他的喜欢，他们就对我封官晋爵，我就能得到很多车马的赏赐。这是我的长处，你说呢？"说完他以居高临下的眼光看着庄子。

庄子听完，轻蔑地看了他一眼说："秦王病了，看医生，能医治他的毒疮的医生，得获得一辆车；愿意为他舐痔疮的医生，可获得五辆车。说明什么？言行越下贱，得到的奖励越多。你大概比给秦王舐痔疮的人还要卑贱吧？否则，怎么能得到那么多车辆呢？滚开！我这里不欢迎你！"

曹商灰溜溜地告辞了。

庄子坚守节操，安贫乐道，向来独立自由，不与世俗同流合污，又怎么可能巧言媚上呢？当然对于以笑事人者，就不屑为伍了。而那些花言巧语的媚上小人呢？却不以为意，还自以为聪明。

现实中，处处有花言巧语的人。那么，我们该如何与之相处？

◎"巧言令色者，鲜有仁者"，明白话有真假，有动机者巧，巧者多不仁。

◎远离巧言拍马者，亲近真诚朴素的人。

◎正直的人，都真诚、自然、光明，没有伪饰，也不屑于花言巧语。

◎"来说是非者，必是是非人"，对于在自己面前飞短流长说别人不是的人，要保持警惕。

◎有人表扬你，给你戴高帽，要保持冷静，想想他这么说的真诚度和目的。

◎尤其要防范口蜜腹剑的小人。

正直的人，心里想的是正事，做人做事光明磊落，无意于从别人那里索取，不屑于取悦于人，他不想在无谓的人和事上浪费精力和时间。在他眼里，与其花言巧语取悦于人，丧失尊严和人格独立，倒不如一心一意做好自己的事情。纵使凭一己之力不能达到想要的荣华富贵，也不低头媚笑向他人求。他独立自主，有能力，活得自由自在。而以献媚为能事的小人和墙头草们，不务正业，专营投机，谄媚事人，纵使得到主子的恩赐，最终因缺乏实力和尊严受人鄙视，活得蝇营狗苟。

人品端方者，有追求，有能力，修养、完善自己，坚持独立自主；以笑事人者，不谋正业，平庸无能，只好以媚言事人，以钻营为生。一个是独立不倚、真正的智者，不以俗常为标准；一个是有求于他人、以取悦于他人为能事。

人与人确有不同，器有大小，品有高低，不同类耳。你想做哪一类人？

3.言多必失

老子说："多言数穷，不如守中。"

就是说，话不能随便说，该说再说，而且话说到点子上才好；多说无益，话多伤神，而且言多必失，祸从口出，多言必败。

古来多少祸患都源自于口。三国时的杨修，因为言行不检点而丢了性命。

曹操派人建造一座花园，完工后，他亲自去察看。看完，曹操并没说话，只在门上写了一个"活"字，就离开了。

大家不得要领，于是请教杨修。杨修是有名的聪明颖悟之人，大家都很佩服他。杨修对他们说："'门'里加了个'活'字，那就是'阔'字，魏王是嫌门太大了。"于是，工匠们马上进行改造，果然得到曹操的赞许。大家都对杨修的聪明赞赏不已。

后来，曹操与刘备在汉中交战，不慎陷入进退维谷的境地。晚上，曹操正喝鸡汤时，看到碗里的鸡肋，感触良多。这时，夏侯惇进来请示夜间的军号，曹操便随口说出"鸡肋"二字。

夏侯惇听到不解其意，于是去请教杨修。杨修说："鸡肋者，食之没肉，弃之可惜。眼下是进攻难以取胜，后退又被人耻笑，所以不如早点回去，魏王的言下之意是班师回朝。"

夏侯惇听了，十分满意，于是命令大家准备还朝。

曹操得知后，十分吃惊，便问其中缘由。当他听说这是杨修的主意时，便十分恼火，随即下令把杨修斩首。

杨修固然有才华，但是他身为下级，在领导面前一再逞能不顾领导的感受，不知谦下自保之道，不会低调做事，所以招来杀身之祸。有才华者，心直口快者不能不以此为鉴。

自逞聪明、卖弄口才的人，往往会招来口舌是非，引来祸患。

社会是复杂的，人活在社会中，要言行检点，该说时再说。而且，所谓"说者无心，听者有意"，任意而言，就容易招致祸端。所以，说话时要分场合，要考虑别人的感受，要考虑后果，不能任意。

　　口才好固然是好事，但往往外露招嫉，给自己带来无端的麻烦。

　　我天生喜欢说话。妈妈说我自从会说话后，就成天说个没完，放学后会在家里表演，学老师的话和表情。大学时，我积极演讲，参加辩论赛；上班后，我多次在厂级、高级演讲比赛中获奖。我曾想做播音员或主持人，曾经也客串过主持人，后来，我到电视台、报社当记者，又得到不少锻炼。

　　我在数理化方面十分差，严重缺乏逻辑和空间思维能力，但在口头和书面表达方面，我有相当的自信。一直以来，我周围的亲人、朋友和同事们，对我的表达能力都很认可，这也助长了我在这方面的任性。

　　我的说话任性，表现在多方面：少年时，我无视尊长，曾与父母顶嘴讲理，把父母说得无言以对；我曾写下好几千字的文章，对我的姐夫进行不客气地说理"教训"，说他对我怀孕的姐姐不够照顾；我曾不顾朋友的自尊，毫不客气地说出人家的缺点……

　　这些还好，毕竟是亲人、朋友，还能对我包容、原谅。但到了工作单位，我就开始尝到多言的苦头了。

　　刚参加工作时，我年轻气盛，加之当时在单位的几次演讲中大出风头，我有些飘飘然。本来总是被上级抽上去参加各种活动，就引起直接上司和同事们的妒忌了，我却不谙世事，依然我行我素。我对于自己看不惯的那个直接上司，不仅不讨好，而且公然"冒犯"——对于他的批评、找碴儿，我据理力争，毫不示弱，让他很没面子。

　　果然，我的"犯上"、较真，直接导致了他对我的不满，以致后来对我打击报复：他向上级反映我的骄傲无理、无视尊长、怠慢工作，结果，上级提拔我的事一下泡汤了。

　　或许由于我平时给人的印象就是能说会道吧，有时，本来不是发生在我身上的事，却被小人莫名其妙地安上罪名。这是前几年的事。我在一家出版社，曾遇到过一个女上司，此人个性很强，霸道独裁，喜欢下属们都对她唯命是从，服服帖帖，甚至限制我们的行动自由。我开始还能忍受，时间长了，就有些难忍，表现出不合作态度。大概她知道我不服她吧，就私下里制造谣言，说我嫌单位工资低，还口口声声在同事间相传。当我从她的助理那里得到这个消息时，我一时错愕无语。我实在想不通一个自称名校毕业的博士生，一个成天口口声声标榜自己的人品、修养多好的人，竟然如此善通小人之道。

　　我虽然口才不错，也要强好胜，但看她心胸狭隘，从不在她面前显露，尽管偶然在选题会上有所表现，但那只是工作发言，也并没什么刻意表现。对于我来说，我在她手下工作，已经相当低调克制，感觉十分憋屈了，从未就待遇问题说过什么，更哪来在同事中传言呢？想不到她为了排挤我，竟出此损招，我无话可说。我心说：谁让自己给人一个能说会道的印象呢？好像我是那个惹是生非的人。结果，我被她成功排挤。

　　吃了些苦头，人成熟了，认识到多说无益，沉默是金，不再与人在口头上争短长，也不再与人争辩较真。很多事情越说越乱，越描越黑，何苦费口舌？

　　语言只是交流的工具，旨在传情达意，但有多少，是能真正自圆其说的呢？相反，很多话会被讹传，带来不必要的麻烦。

　　老子说"大巧若拙，大辩若讷"，孔子也十分欣赏木讷朴实者，说"刚、毅、木、讷，近仁"。不是你说多了就一定对，一定赢。那个言语木讷的人，可能聪明不浅；那个夸夸其谈、看上去鬼灵精怪的人，可能最是华而不实的平庸之辈。很多情况下，还是少说为妙，沉默是金。

老子说："智者不言。"越是高人，越深谙沉默的智慧。他们言行谨慎，不显山露水，不逞口舌之快，而是务实行动。不遇时，他们韬晦；得志时，他们更低调，绝不张扬。

佛家说的"不妄语"，指的就是不乱发意见，不急下结论。天下事纷繁复杂，变换万千，事物间又有联系，很多事情，不能妄加论断，没经历和体会过更没有说服力。何况，语言本身也有它的局限性，虽有沟通作用，但有时也很苍白无力，古人说"书不尽言，言不尽意"，就是指语言的词不达意，言不由衷，难以自圆其说。可见，真正的东西都在心里，真正的道理都是不言而喻、不可言传，是要会心领悟的。人的内心有多丰富呀，语言不过是语言，不足以表达内心。佛家说的"一切有为法，皆梦幻泡影"，即此意。与其说不到点上，不如保持沉默。

当然，这里不是不要你说话。语言是交流的工具，该说时还是要说，要注意分寸，要检点，可从以下几方面注意：

◎明白说话是一门艺术，要把握分寸和度，否则不如不说。

◎"说者无意，听者有心"，人在社会上混，说话不能任性，小心落了人家的口实。

◎不要因为口才好，就锋芒毕露，滔滔不绝，逞口舌之快；不要蜚短流长，议论是非，显示自己；不要得理不饶人，没完没了地指责人；不要动辄与人打口水战，不肯输在嘴上；不要因为爱打抱不平，就仗义执言、直言不讳，不注意自保。言多必失，祸从口出。多言之弊，不可不防。

◎话不是越多越好，说到点子上，适可而止才最有效，最有力量，多则无益，言多必失，而且话多伤神，容易失去理智，流失本性和聪慧。

◎尤其在单位，要少说多做，言行要检点，这样最安全。

◎明白沉默既是一种自我保护，也是一种修养和智慧，有些情况下还是一种态度和力量。

当然，这里没有否定说话的意思，有些时候话还是要说的，不平还是要鸣的。但这里强调的是要检点说话，避免因言获罪，引来祸患。与其任性而言，口吐为快，不如三缄其口，保持沉默，这样更来得安全。

在一个世风不正的社会，总是"枪打出头鸟"，往往最先被打的，是那只叫声最响的鸟。如果自己没能力改变现状，不如不说，保持沉默，况且有时，沉默也是一种态度、一种力量。

4.不受人惑

每当看到这四个字，我就想起胡适先生。不受人惑，是胡适先生的重要思想，也是他本人的最大特点。

1931年5月5日，刚进入不惑之年的胡适，在北京大学对哲学系的学生们演讲时说："哲学教授的目的，是要造就几个不受人惑的人。"

胡适认为，学哲学的人，最重要的是不能轻易接受某家某派的观点，不为左右，而要独立思考，以证据来说话，实事求是。自己不受人惑，才能取信于人，引导他人。

纵观胡适的一生，他坚持自由独立，信奉实验主义，不主观偏执，不固执己见，也不轻信盲从，不骑墙趋风，而是以真理为标准，以事实和证据为依据，一生独立不倚，公正无私，不被诱惑，不失自我，始终保持着一个自由知识分子的独立人格。也因此，他得到广泛尊重，其思想影响至今。

年轻人血气方刚，但同时也容易被某种思想左右。倘若是一种偏激的思想，就会将人引入歧途。胡适本人，在上海读书时也曾一度颓废，流连花街柳巷，但及时转入正途，发奋学习，留学海外，从此前景光明。在海外留学期间，他刻苦学习，涉猎广泛，上下求索，选择信仰杜威的实证主义，一切以证据为准，成为他为学的思想基础。也因此，在思想动荡的20世纪初，他保留了作为一个知识分子的清醒认识和独立人格，在别人向左、向右倒的时候，他坚持独立，不受人惑。

作为一代思想大师，胡适最担心的是青年人的思想问题。他在《介绍我自己的思想》中说："从前禅宗和尚曾说，菩提达摩东来，只要寻一个不受人惑的人，我这里千言万语，也只是要教人一个不受人惑的方法。被孔丘、朱熹牵着鼻子走，固然不算高明；被马克思、列宁、斯大林牵着鼻子走，也算不得好汉。我自己决不想牵着谁的鼻子走。我只希望尽我的微薄的能力，教我的少年朋友们学一点防身的本领，努力做一个不受人惑的人。"

如何做到不受人惑？胡适给的法宝是"拿证据来"。耳闻目睹、有据可查的，才信；否则，宁可抱怀疑态度。有这种认真和严谨的态度，就不会被人牵着鼻子走，从而做到不受人惑。

不受人惑，是胡适当时给青年人的忠告，放在今天同样适用。不受人惑，就是要坚持独立思考，保持科学严谨的态度，有追求真理的精神。

不受人惑，就是要做一个明白人，保持自己的个性，不被假、恶、丑污染，失去独立的思想和人格，失去辨识能力，步入歧途。

社会和人心纷繁万象，复杂多变，要辨识其本质，不被蒙蔽，不受迷惑，不容易，我们总活在各种迷惑中：年轻时，因为不成熟、不理智和冲动浮躁而易步入迷途；成年后，因为名利诱惑而易步入歧途。

而且，人的聪明也有限，自知难，知人更难。了解自己难，了解他人更难。由于个性、角度、眼光，以及认识水平的差异，我们对人、对事的认识也千差万别。有的人能看到本质，有的则容易被外表迷惑。

与人打交道，就需要多些观察，用些心思，了解他的优缺点、强弱项，以及他的主要思想，还有枝枝蔓蔓。一般来说，只有相处共事，假以时日，才能较真实地了解一个人。

社会上的人都带一副面具，所以看清一个人实在是不易。不止年轻人容易受迷惑，一些位高权重者，也因缺乏识人之明，受人迷惑。因为他们高高在上，周围不少趋奉者，他们听真话的机会很少，所以容易被左右的谗言所惑，这是身为领导者的大忌。

周宣帝就因为识人不深，惑于不治，让狡猾的杨坚夺了江山。

杨坚因女儿得宠，受到周宣帝的重用，成为宠臣，地位显赫。

宇文氏家族的一些人，发现杨坚有野心，就进言宣帝，说他有不轨之心，宣帝才开始对杨坚有了警惕之心，想除掉他。他想让杨坚中美人计，借机杀掉他。

这天，他召杨坚入朝议事，让自己后宫的四个妃子站在自己两侧，以美色诱惑杨坚，并吩咐左右卫士说："杨坚如果有半点偷窥之举动，就立即杀掉他。"

不料杨坚进来后，神色自若，目不斜视，一脸正气，对宣帝两边的四个美女视若无睹。宣帝没发现什么，感觉杨坚还是很忠诚的，于是仍重用他。

宣帝死后，他九岁儿子宇文衍即位，杨坚与宣帝的弟弟宇文赞一起辅政。杨坚用美色贿赂宇文赞，使之不问政事，最终于公元581年7月14日称帝，建立自己的大隋朝。

宣帝自己没辨别能力，有人说杨坚有野心才引起他的注意。他想除掉杨坚，又被他的外表迷惑，不能采取果断行为，以致留下后患，丢了自家江山。

如何做到不受人惑呢?

◎保持本真，不失天性的直觉和聪明。

◎善于自省，尽可能做到自知，自知才能知人。

◎保持独立思考和怀疑精神，追求真理，不轻信，认真严谨，求证求实，否则宁可怀疑。

◎年轻人不要意气用事，不要浮躁冲动，遇事要沉着冷静，多看多想多比较多论证，不要轻易信奉某种思想、崇拜某个人。

◎领导者切忌只听好话，要注意调查研究，才能有识有之明，不致受人迷惑。

◎凡事冷静客观，坚持求真精神，不受他人左右，不偏听偏信，有自己的主见和想法。

不受人惑，不仅是一个人自由独立意识的表现，也是一个人认识能力的体现。如果我们有胡适所说的"拿来证据"的意识，平时加强观察，注重调查，自然会提高认识能力，明辨是非，不受人惑。

5.不苛求别人

不少人有个毛病：对自己要求多，对别人也苛求。不放过自己，也不原谅别人。说白了就是爱较劲，跟自己过不去，跟他人也过不去。

我本人就有些理想和完美主义，对己对人都有一些苛求，这个毛病很长时间才纠正过来。

我曾担任一本杂志的编辑部主任，负责杂志的改版，从各栏目的选题策划、文章的采访写作，到版面的安排、人员的调度，等等，都要负责。面对领导的信任，我既受到鼓励又有压力。

于是，我带领七八个人，热情百倍地投入到工作中。为了一个栏目的策划，我们反复讨论、不知疲倦。

我对自己要求高，也有些心急，对属下也就要求高了。我希望把大家的优势都发挥出来，做出成绩。时间紧，任务重，工作强度也大，我自己担任重点工作的采写，安排给同事的任务也重。

为了及时出刊，我和几个同事日夜加班，在单位吃住，好几天没回家。我连夜完成一篇封面文章。

开始大家都很积极，也服从安排，但没几天，有人就开始怠慢工作了，有人说任务重，完不成；有人请假不加班。我十分生气，我最看不惯没责任感、不能承受压力的员工了。我对说累的两个同事说："我看你们工作能力强些，才安排了更多工作。不要怕累，要出成绩必须辛苦。"然后，让他们照旧及时完成任务。我对请假的同事说："如果不想做事，可以不做。自己能力不足，还不想加班，怎么会有长进？"然后，把属于这个人的工作转给他人。

我自认我这样安排是为了工作，可没过几天，领导把我叫进去谈话，说有人在他面前打我的小报告了，说我待人刻薄，分配不公，有的人累死，有的人没活儿干，还说我私心重，自己承担了最重要的能出成绩的工作，等等。听到这些话，我目瞪口呆。

好在领导还是信任我，知道我是为了工作，但同时也提醒我，要注意分寸，否则无法领导大家。

终于，杂志如期出版，我和编辑部的工作获得肯定。但我又听到那个原本妒忌我的同事酸溜溜地议论："如果不是我们努力帮她干，她能出这成绩吗？累死人了！"

听到这些，我所有的满足瞬间即逝，泪水在眼里打转，我心说：我是为自己吗？还不是为了工作？我自己也累得够呛呢，谁又能体谅一下我呢？但我由此也认识到：在这次攻坚战中，自己对自己加足了劲，累得够呛，也对手下有些苛求了，超出了他们能忍受的范围。如果不是我自己又做了不少他们的工作，恐怕任务还完不成。但是，这样自己累、大家累的同时，我却因为独立要强，没向领导提任何困难和要求，要求领导支援，结果领导以为我不主动汇报工作，同事认为我好大喜功。

还有一点，我对于怠慢工作的同事，不能厚待，以职权剥夺人家的工作，还出言不逊，也着实不该，这样就直接得罪了人。加上本来有就妒忌我的同事，这样他们自然会到领导那里说我的坏话。

工作中严格要求自己和他人，本是好事，但如果超过限度，不仅给自己和他人造成压力，还容易得罪人。对自己苛求没人有意见，对他人苛求就往往被认为是刻薄。

我对自己的人生有些期待，对自己、对别人不免高要求。做事，要求认真负责，要求全面并追究细节，结果顾此失彼，因小失大，往往失去好时机；做人，要求人品好，爱憎分明，看不惯小人，甚至与之公然作对，常引小人嫉恨，待人接物不善圆融委曲，心直口快，仗义执言，不善自保，结果往往受无意之伤。以自我为中心，坚持己见，不善于灵活变通而随机应变，不免有些太认真，少包容性，结果吃亏不少。

最好的老师是自己，人都有自性教育，错误也要靠自己去自觉改正，效果才最好，逼迫人按照自己的意志去做，是费力不讨好的。人都会犯错，但他改正不是靠你教育督促，最好的办法是让他有切身体验。错一次，他才能真正认识到错误所在，然后自觉改正。就是说，要给人犯错的机会、给人改正的机会，学会原谅别人的错误。他自己教育自己，比你告诉他要好百倍。所以，你又何必瞎操心呢，还得罪人？

当我碰些壁、吃些亏之后，才懂得客观地看世界，看社会，看他人，才认识到世界原来并不完美，理想和距离有如此的差距，人生有太多无奈，很多事情不以个人意志为转移，无论出发点有多好，都来不得半点苛求。一切都不完美，也不可能完美。凡事不能太认真，人不能太聪明，不如心怀达观，难得糊涂。

虽然严格要求、追求完美没有错，但勉强自己和他人，就会给自己和他人压力，无益于身心，也失去生活的快乐。你想要的，你要求的，与现实差距太大，而一时达不到，怎么能不痛苦呢？若是勉强为之，岂不是自寻烦恼、自作自受吗？而苛求他人，也有失厚道，纵使好心，也往往不得理解，好心办成坏事，费力不讨好，何苦呢？

当年，因为追求过多，想得太好，加之年轻气盛，所以做事认真，又傻又直，缺少变通，不知留有余地，还没学会举重若轻。如今，虽然我依然敬业认真，却早已看开了很多事，对人也没了期待和苛求，更不去勉强别人，凡事只向自己求。自己的人生自己做主，回归自由和快乐。

世界本不完美，人无完人，现实与理想有很大距离，不能不客观正视。倘若你以理想主义的眼光看世界，看他人，结果必然失望和痛苦。你可以苛求自己，但没理由苛求别人。别人不是你，没有义务必须理解你，照你的意志行事。我们可以有理想主义的情怀，但不能理想主义地看人、看社会；我们可以追求不断完善，但要明白完美主义行不通。

　　任何对己、对人的完美苛求都是一种累。所谓"水至清则无鱼"，"完美是美的敌人"，太苛求，要求完美，其实也是一种偏激、一种病态，注定活得很累、很痛苦。而这个苦，是你自找的，不值得。太苛求他人了，其实是一种自私、一种对别人的不尊重——要知道，我们没资格要求别人做到理想状态，更没资格去伤害别人的自尊，人的自尊是最不能伤害的。

　　何况，努力虽然有必要，但很多时候，不是你苛求，就能看到效果；不是你说教、督促，就能达到目的。相反，很多时候，不需要你要求，反而起作用——因为别人没那么笨，自己就不要自逞聪明，管事太多。想要求人，最好的办法就是让他自觉去做，相信每个人有自治能力，无为而治更高明。

现在，给完美主义者们一点儿建议：

◎世界本不完美，人无完人，理想主义和完美主义是必定会失败的。为此，要正视客观世界，正确看待自己和他人。

◎认真地做人、做事，本是好品质，但要有度，不能脱离实际和能力范围，否则成了苛求，成了负担，还容易得罪人。

◎所谓"水至清则无鱼"，"完美是美的敌人"，要求太高，品位太高，太理想，就远离了亲和，远离了大众，失去朋友，活得孤独。为什么？因为太苛求，不与自己和解，也不原谅他人；做事、做人太苛刻，又固执己见，让人难亲近。

◎有自知之明，知道自己有无力处，多看到别人的长处。这样就不会勉强自己，更不会勉强他人，给自己和他人无谓的压力。

◎高标准、严要求主要是对自己，而不是他人，要待人以宽，尤其要与人为善，学会原谅人，不苛求人。这是修养，也是为人处世之智慧。

◎对别人，不要有过高的期望，否则只能失望。连自己都不能做到事事遂愿，更何况别人呢？

◎聪明难，糊涂更难。凡事认真但不必较真，不跟自己和他人较劲，明白和谐和中庸之道，不走尖锋和偏激之道，如此才保安全顺遂。

◎有些人对自己要求的少，原谅的多，而对别人苛求，不原谅，这更要不得。

◎凡事要留有余地，有弹性伸缩的空间，不要让自己和他人感到压迫，否则失去乐趣。

一个没有苛求的人，说明他的能力、眼光、修养和胸怀已具备，可以从容地面对自己的人生了。

6.学会委曲变通

人生活在社会中，与各种人打交道，不可能都气味相投，也不可能没有摩擦。做人、做事坚持一个原则、一个方法，是行不通的。这就是说：一定要学会变通。世间的事，往往变通则灵，委曲则全。

老子说"曲则全，枉则直"，主张"守柔"、"示弱"，认为这样最安全、有力。变通，就是通机达变，头脑灵活，及时反应，随机应变。

都说两点间直线最短，但现实中，太直往往行不通，相反，往往曲径通幽径，委曲能成事；都说坚持本心和初衷，但坚持的同时需要变通，否则做不成事。

世间纷繁万象，人心复杂多变，社会又是充满竞争，没有一个简便直接的方法可行，没有一个一成不变的真理通行，凡事都需要在具体的时空环境下灵活应变地去完成。事业成功需要"趣时"、变通，为人处世同样需要变通。如果一个人做人、做事太固执，不知变通，不讲方式、方法，不看时空环境，不注意察言观色，不顾及别人的感受，那往往行不通，死路一条。

无论你有多大才能，只有立足于现实，找到自己与现实的结合点，识时务，与时俱进，顺应时潮，随机应变，这样才能抓住机会，一展身手。无论你有多大才能，如果无视复杂多变的社会、人心，不善于委曲变通，终将一事无成。

委曲变通，既是一种行事方法，也是一种生存智慧。

我理解的变通，就是善于审时度势，找到自己与现实的结合点，找到处理问题的最佳方法和途径；变通就是深解进退方圆之道，懂得"曲径通幽"之妙；变通就是为人不锋芒毕露，而是低调行事，藏拙，守柔，示弱，既善于抓住机会，又善于与人和谐相处，团结协作。理想的委曲变通，既能坚守自我操守原则，又能结合实际做灵活通变的处理。

为人处世，往往不是两点间直线最短，而是曲径能通幽。这一点，相信读者会有同感。

我在生活态度上真诚，追求真理，个性上倔强。在为人处世上，经历了一个很长的认识阶段，才明白委曲变通的道理。

很长时间，我的社会经验与实际年龄是不符的，说白了就是不谙世事，或者说不想向社会妥协，整个少年和青年时代，我都在以自己强烈的个性和社会的假恶丑较劲：书生气不改，讲道理滔滔不绝，但结合实际不足，对实际情况似乎视而不见；人品正直，心直口快，有时过于耿直、认真，不注意考虑别人的感受，以为有一颗好心别人自然理解，只要认真做事自然能得到肯定，结果往往费力不讨好，甚至还得罪人。

我自恃有些能力，从不巴结上司，于是上司常主动讨好我；如果上司人品、能力不行，我就往往不服管，不配合。对于巴结上司、不干正事的小人，我常常公然作对；对于那些没有倾向的和事佬和墙头草，我也表示不屑。很多事情，只要我认为我有理，我光明正大，就直着行事，并不考虑别人的感受，也不顾及自己的安危。结果，很多上司对我由喜欢重用到有意见，很多小人被我得罪，很多同事也不敢与我亲近。而我呢？也毫不介意，我行我素，按照自己喜欢的方式做人、做事，只与自己喜欢的少数人为伍。这样的结果是，我在工作中遇到很多阻碍，失去很多发展的机会。这种个性持续了很长时间，大概至今也没有改变多少。

但实在来说，连我自己也不能不承认，自己未免太刚愎自用，不撞南墙不回头，未免有些偏激，做人、做事太自我，不知委曲变通，实在也是吃了不少亏。

看不惯的人和事太多，自己有能力应付吗？不顾自保地抵抗，结果只能是自伤。

虽说好人常在，公道自在人心，但人间正道沧桑，好人总要经历更多磨难，受更多委屈。现实和人心都是复杂多变的，且人心趋利，人情势利，很多事情，是非对错人们都明白，但坚持公平正义，坚守节操却非易事。面对这种强大的世俗力量，你怎么办？与之公然作对？力量又有几何？

很多事情，不以自己的意志为转移，也不是你认真付出就有回报，不是你有好心就能得到理解，不是你有才华、有能力、工作出色就会得到提拔，不是你人品好就一定有好人缘。一个左右逢源、有着好人缘的人未必其品质就好；一个没能力、人品不好的人，也可能当领导；一个不务正业、专事奉承投机的人，往往是领导的红人；而那个人品端正、德才兼备的人，或许正在受着挤兑……

现实是复杂微妙的，受很多因素的影响。很多事情，甚至没有道理可言，也不是道德标准能够衡量的。很多时候，真理对人们也并不重要，重要的是人心，心里是不是舒服，自尊心和虚荣心是否得到满足——人毕竟是自私的，原则和道理不是一般人更不是小人的为人处世的标准。这个我们必须明白。

鉴于此，我们必须正视现实，学会委曲变通。古来有成就者，都是变通的高手。

诸葛亮不遇时，卧居隆中，养精蓄锐。当刘备三顾茅庐，时机到来时，他高调出动，大显身手。曾国藩，一生谦虚谨慎，如履薄冰，深得中庸之道。他击败太平天国、成为清朝中兴之臣后，当别人劝他自立为王时，他却急流勇退，上交兵权，低调自保，最终保全名节身家，持盈保泰一生。他们的高明，不仅在于胸有丘壑，腹有经纶，更在于能审时度势，顺应时潮，抓住自己建功立业的机会。最主要是，知委曲变通，善守中庸之道，谦虚谨慎，不贪恋名利，明哲保身。事实上，正是他们在为人处世上的这种深厚功底，使之在权力和争斗的中心能游刃有余，完美进退，做到了"外圆内方"，不仅建功立业，成就功名，而且没失去自己的节操，这是十分高明的。

处在复杂多变的社会，我们该如何学会委曲变通呢？

◎明白社会、人心是复杂多变的，社会是竞争的，人是自私的，人情是势利的，社会上的真善美与假恶丑并存。

◎做人、做事注意方式、方法，考虑别人的感受，要善于委曲变通，直路不通曲径行。

◎善于审时度势，具体问题具体分析，注意结合实际，善于随机应变，学会灵活变通，不固执己见，不钻牛角尖；避免书生气、本本主义或教条主义；切忌以自我为中心，刚愎自用。

◎为人处世上不能太耿直，不能锋芒毕露，注意圆融，和光同尘，学会明哲保身。纵使要抵抗，也要注意方式，采取委屈的"曲线"路径。

◎不遇时，潜居抱道，审时度势，以待时机；得遇时，抓住属于自己的机会，大展身手。学会低调自保，不轻易显山露水，也不冲动冒进，不剑走偏锋。

◎这里所说的变通，不是叫人圆滑处世，奸诈为人，不是向现实妥协，失去个性和节操，而是审时度势的权宜之计，是一种修养和生存智慧。

道家讲"返璞归真"，儒家的"内圣外王"，释家的"万法归心"，都强调内心的能量，以增强生命弹性，达到内外世界的统一，达到生命的平衡、和谐。

做好人，守正道，懂中庸，会圆融，善自保，在复杂的人世，做到外圆内方，做一个有能力应付各种问题的人。

第五章

生命因爱而有力

1.最难是忘情

人生最痛苦、最难做到的，就是忘情。

人是感情动物，有感情就有烦恼，有烦恼就有痛苦。因情而烦恼痛苦，是很多痴情种难以摆脱的困惑。

爱情给人以感情寄托，避免内心空虚。但有爱情时，甜蜜的同时又难免有纠结，有喜有忧。太顺利的往往不是真爱，真爱往往产生出种种故事。为情所困，为之喜，为之忧，剪不断，理还乱。爱情的甜蜜在其中，痛苦也在其中。我们说"人生如戏"，这戏里，多半是那跌宕的爱情。而人生的幸福和快乐，也全在其中。

虽然每个人都向往爱情，但并非人人能拥有真爱。一般庸俗势利的人，追求的是有物质附丽的感情，真挚脱俗的爱情也往往与他们无缘。

世上最容易为情所困的人，是那些痴情种，还有性情中人。为什么？因为前者爱情至上，为爱而生；后者至情至性，有情有义。一个情太多，一个心太软，都是有血有肉的鲜活的人。他们的爱情总是充满真挚，甚至是伟大。因此，当爱情不得时，或无果时，或远去时，他们最难做到忘情。

　　《红楼梦》中的林黛玉和贾宝玉，就是一对痴情种，爱得深沉，也爱得决绝，但现实不容他们的爱情，注定无果。然而，他们并没有因此放弃爱情：一个在家长的逼迫下娶了不喜欢的人，但心不在焉，爱情无望，看破红尘，万念俱灰，最终出家为僧；一个相思成病，为爱伤情，冷心绝食，最终憔悴而死。不都是为情所伤吗？没了爱情，人生再无趣味。

　　现实中，也确实有痴情难忘的贾宝玉。

　　我高中时的政治老师，南开大学哲学系毕业，才貌双全。他本来可分配到北京、上海等大城市工作，但为了女朋友，他选择到了我们那个三线城市当老师。

　　他气质忧郁，眉头总是皱着，但个性随和。他上课也很随便，从不照本宣科，而是游思万里，古今中外，侃侃而谈，我们听得也津津有味。一节课，有一半时间在讲这些"没用"的知识，直到快下课时，他才讲些课本上的东西，布置一下作业。我们都很喜欢听他的课。

　　当时，班里有人谈恋爱，学校不允许，有同学就偷偷地谈，但有一对还是被发现了，被班主任叫去训话了。政治老师听说了这事，就在班上，拉拉杂杂说起爱情的话题，从《诗经》里的纯真爱情，讲到唐诗宋词中的爱情诗词；从《金瓶梅》，说到《红楼梦》；从民国时冲破传统大胆追求爱情的大小姐们，谈到改革开放后思想个性的解放……最后，他就坏坏地说："男女相爱，人之天伦本性，别人不懂，也不该管。恋爱是青春最美丽的风景，想谈就谈！"他接着说，"不过，别误了学习。还有，我的话可别传出去哦！呵呵。"

他住的单位宿舍离我家很近。我经常看见他一个人来去匆匆，步子小而快。不知为什么，我觉得他很孤独。

听说他的女朋友很漂亮，在另一所中学上班，他们已经相恋五年了。但我们从没见过她。不久，听说他的女朋友找了个大款，跟着出国了。

他上课虽然还是那样，但不再神采飞扬，而且经常是讲着讲着，就走神儿，呆呆望着远方，搞得我们也愣愣的……

听说有人追求他，有人跟他介绍对象，他都一概拒绝。每当我在家附近看到他时，他的脚步更匆匆了，他眉头紧锁，目不斜视，感觉他更孤独了。

……

我高中毕业后，听说他考上了北京人民大学的研究生，到北京去了，但一直单身未娶。再后来，听说他在北京附近的一座寺院出家了。

一个前途无量的青年才俊，为了爱情，放弃事业；因为情伤，拒绝再爱，远离红尘。或许在他看来这是自己最好的选择，但终让人感叹，感叹他的不能忘情。假如他深爱的女人从未离开过他，那么，他的人生将是另一种模样。

"问天下情为何物？只教人生死相许"，爱情让人充满激情活力，也让人伤心憔悴；爱情让人感到人生的美好，也能让人失去生活下去的勇气。喜忧皆因爱。

虽然，如何对待爱情和自己的人生，是他自己的选择，但爱情毕竟不是人生的全部，除了爱情，还有亲情、友情，还有梦想。虽然，忘情很难，但生活还要继续，为何不轻松些活呢？

或许，我们可从以下几方面轻松对待感情：

◎明白有些爱有缘无分，该放手时就放手，学会放下，舍得。

◎对爱情怀一颗平常心，可以多情，但要学会忘情。爱情也是有生命力的，终结就是结束了，没办法再挽回。

◎爱情不是生命的全部，生活还要继续，不要让它占去自己的全部空间，免得失去时失落。

◎痴情太甚，多情太过，结果不是累，就是伤害。

◎忘情多因为爱情太美，因为投入太深，一旦失去，就难忘情。但如果这爱情远去了，不如快刀斩乱麻，长痛不如短痛，为了自己，也为了所爱的人，

◎一份真爱，无法相守，让人遗憾，但与其苦苦相思相煎，不如两两相忘于江湖。只要他过得比我好。

◎有些忘情是一厢情愿的，对此，更没必要作茧自缚。为一个不值得的人停留，不值得。

　　爱情最美，情伤最伤人。为了让自己活得阳光些，少些悲凉，尽量不做那活在爱中的痴情种——因为，人生中还有许多事情需要你做。

2.只要真爱过

　　爱情是人生最美的幸福。但并非人人有真爱。有人终其一生没享受到爱的滋味。

　　爱情是什么？是气味相投，一见钟情，似曾相识，一拍即合；爱情是两情相悦，心有灵犀，是彼此不由自主地想念；爱情是甜蜜中夹杂着情感的纠结和痛苦，有幸福也有眼泪；真爱惊世骇俗，激情热烈；爱情是不自觉地受对方影响，心甘情愿地改变自己，向他（她）靠拢……

　　对爱情的认识，全在于个人的体验和感悟。你的爱情，是不是真爱，别人没办法看懂，他人的评议也是隔靴搔痒，最有发言权的唯有自己。你的爱情是否合适自己，唯有自知，如同穿鞋子。

　　当人陷入情网时，有时自己也说不清，会迷茫，也会自问：他（她）爱吗？我真的不能没有他（她）吗？爱情也有猜忌，如同林妹妹对宝哥哥。因为彼此在意，所以猜忌，纠结不断，分分合合。甜蜜在此，烦恼亦在此，为之喜，为之忧，为之流泪。

　　爱情只关乎感情，理智说不清。是否有真爱，最该问的是自己的感觉。有感觉就够了，那感觉就是"来电"，是莫名其妙的吸引，如磁场。所以，爱情又简单。复杂了就不是真爱了。复杂的爱，往往有太多世俗的附丽。

真爱可遇不可求，没有道理，说不清，未卜先知，充满神秘，于是人们归之为缘分。正是这缘分，让彼此无条件地喜欢。正因是缘分，强求不得，单恋不成，穷追不得，预设不来，没有志在必得。只有气味相投，两情相悦，互相吸引，有共鸣，合拍，才能弹出美妙的爱情乐曲。

只有当你遇到爱情了，才能明白爱情的真谛。爱情完全是精神层面的相互吸引，与金钱、名利、地位等无关，甚至与人品、道德无关。在此之前，你一直想要的那个人，也许并不适合你，也不是你真正的需要，只有当你遇到真爱，才明白自己需要什么样的爱情。就像《色戒》里的王佳芝爱上汉奸易先生，她自己是万万不能想到的。还有，有人明知不该，明知无果，却硬要为爱牺牲，飞蛾扑火，做第三者，投入到一个不该爱的人的怀抱。

爱情不是找来的，而是等来的。努力找时，偏偏不来。蓦然回首，他竟然出现在眼前。爱情要来时，挡也挡不住，这就是爱情的力量所在。

爱情，不只是两情相悦，还有互为知己的成分——在对方身上，有自己的影子，又有自己所向往的东西，共通又互补。这种关系似曾相识，让人感觉亲切、熟悉，且充满神秘和浪漫。

爱情，让人感到美好、幸福，并发现自己的魅力和力量，生命的激情和能量前所未有地散发出来。所以，爱情最能发掘一个人的生命活力。很多伟大的创造工作，背后往往有爱情的作用。

因为真爱难得，所以它弥足珍贵，令人刻骨铭心。

在爱情上，我一直比较幸运，总是能遇到好男人。尤其是我的初恋，我自觉它至纯至美，纯洁无瑕，虽然已是很久以前的事情，但如今回想，仍记忆犹新，刻骨难忘。

可以说，我们两小无猜，青梅竹马。我叫他亮。我们是小学同学兼同桌。作为女孩子，我一点儿也不文静，不好好学习，就喜欢跟调皮的他一起玩。不知为什么，我觉得他的尖下巴十分耐看。他很会画画，不必铺垫，就能画得很好。他喜欢看书，比如《水浒传》《西游记》《红楼梦》等大书，他居然都能看，还骗了我的《红楼梦》连环画。

我们是同桌，一会儿好了，一会儿又打起来。他不让着我，我也不甘示弱。有一次，两个人打架，被老师处罚做值日。我灵机一动，哭着跟老师说："老师，是他欺负我！"老师看我可怜，就让我擦了黑板后回家，让他留下来做值日。我为此十分得意地向他眨一下眼睛，就飞快跑了。

我们都不爱学习，但成绩倒还不差。老师在上面讲课，我们在下面画老师；夏天就趴桌上睡觉，直到老师下来用竹棍敲醒；六一儿童节时，我们一起表演《渔夫和金鱼的故事》；我们一起代表学校去参加作文比赛……

快乐的童年很快结束，小学马上就要毕业了。暑假时，我竟然有一丝想见到他，但一看见他就十分害羞，好像他也是，大家突然长大了，没了以前的疯打疯闹。

不久，我家迁到外地。转到新学校后，我时常怀念从前的生活。初一时，我假期回老家，看见过他一次，他骑车飞驰而过，后面跟着一只大狗，很威风。他看见了我，我们相视一笑。

回来后，我经常莫名地想起他，滋味甜甜的，又有些悲伤。我想这大概就是人们常说的情窦初开吧。那时，没有手机，连电话呼机也不多，人们联系还是以写信为主。不知哪来的勇气，我竟给他写了一封信！印象中语言还很热烈，但毕竟感觉有些大胆冒昧，信后署名用的是化名。信发出后，就是忐忑地等待……

他很快回信了，他比我要理智成熟得多，先是表明他也怀念童年时光，对我表示理解，但后来就是让我不要再写信给他，说我的前途会很好，让我好好学习……

这样的结果似乎在我意料之中，因此我没有悲伤，相反还很甜蜜——因为我感觉到，他也同样喜欢我。于是，我把对他的思念埋在心底，不再写信，却经常把他的信揣在内衣里，晚上在被窝里偷偷地看了一遍又一遍……

虽然不再联系，但我打听他的消息，听说他初中毕业就辍学了，但还是那么爱看书，自学中医，气功。后来，听说他去武警部队当了兵，做了卫生兵。

大学第一年，或许是对恋爱的向往，我又想起他。一个偶然的机会，我从他妹妹给我的来信中得知他的地址（或许是他妹妹有意为之，用的信纸是他部队的）。我又冲动地给他写了一封信，依然饱含情感。果然，他收到了，并很快来信。信上的字是隶书，很漂亮。这次，他热烈地回应了我，怀念童年的美好，回忆他对我的思念，八九年来一直没恋爱，也拒绝所有的相亲，信后，还附了李白的《长相思》：长相思，在长安。络纬秋啼金井阑，微霜凄凄簟色寒。孤灯不明思欲绝，卷帷望月空长叹……

我的眼泪一颗颗从眼中滚落而下，打湿了信纸……跟我想象中一样，他也一直在思念我；与我想象中一样，我的初恋如此美好……

然后，我们频繁地书信来往。我的信很长，经常是三四千字，经常是从写信到寄走后，还一直深陷在其中。他的感情矜持理智，但言简意赅，足令我咀嚼消受。我经常把彼此的信反复阅读，在心中深情歌唱。每每阅读，都会幸福得流泪，而想到未来，又不免悲伤……

在他决定要复员时，我的学业有些紧了，想到未来，想到我的事业梦，我对这份感情有些犹豫了。毕竟我们走着不同的路，两条路难以相交。

我给他的信日益少了，而他也很知趣，不再联系我了，又一次失去了联系。听说他复员后，曾有一次，跟人到我所在的城市找工作。当表哥告诉我时，我却没有勇气与他相见。再后来，听说他回家了，没再找工作，自己开了一家诊所，治病救人。我知道他喜欢自由，也相信他的能力。

第二年，我听说他结婚了，娶了我儿时的一个玩伴，人很漂亮，性格也好。我听到这消息后，一个人在大操场走了两圈。我不恨他，他是家里的长子。我在心里默默祝福他。

大学毕业后，我被分配到一家国企上班。工作并非我喜欢的，我喜欢从事文化方面的工作，而企业是满足不了我的。不久，我就到电视台打工了……

在为自己的所谓事业打拼的同时，我也在为自己的感情寻找归宿，但这个过程艰辛坎坷，好长时间没能找到真爱。寂寞的午夜，我时常想起他。爱已成过去。我知道，是我自己亲手埋葬了自己的爱情和幸福，为了所谓的前途事业。

兜兜转转十多年后，我才最终找到自己的归宿。

然而，每当我回忆童年、我的青春时光，那个深藏在我心底的初恋就会浮现脑海，让我在回味中重温那份青涩而纯洁的美丽……

正因为真爱的至纯至美，正因为它的脱离世俗，甚至惊世骇俗，所以它往往为现实所不容，如罗密欧与朱丽叶，梁山伯与祝英台，贾宝玉与林黛玉，爱得轰轰烈烈，让人羡慕，但终归是场凄美的悲剧。似乎上天妒人，太完美的东西总难有好结局。

人们都希望"有情人终成眷属"，戏剧中的爱情总是苦尽甘来，有个皆大欢喜的"大团圆"结局，但那毕竟是戏，是艺术家的典型化创作，是为了满足观众的美好愿望。那不是现实生活，那种爱情也不是爱情的常态——现实中的真爱，往往经不住社会上的假恶丑的考验，它是脆弱的，脆弱得让人心碎，让人遗憾。

"情到深处人孤独，泪转多"，爱有多甜，就有多累。"自古多情空余悲"，越美好的爱情，磨难越多，越难结果。都说爱情力量无穷，但至真至美的纯洁的爱情，往往生命力有限，来得快，去得也快，如昙花一现，如天际的流星，留给人瞬间的美丽。

即便有真爱，也往往是短暂的，难以进入现实。然而，我们是俗人，有爱欲，需要爱情，怎么能缺少爱？如果没有爱，人生还有何趣味？就算爱情是一场美丽的骗局，哪怕有苦有痛，哪怕爱无结果，我们也乐在其中。

那么，我们如何去追逐爱？

◎爱不是罪，每个人都有追求爱情的权利，每个人也应该大胆追求爱，热烈地燃烧一次，尽情享受其中，此生才无悔。

◎明白真爱是心灵相通，两情相悦，带给人精神的极大满足，而与金钱、物质等无涉。

◎真爱很美但也脆弱，所以一旦遇到，要好好珍惜、把握，努力保护。

◎单恋也许很美，但因为一厢情愿，没有对等的回应，所以最终是自伤，浪费生命。

◎避免错爱——爱上一个不该爱的人，纵使爱得再深、再美，也是苦多于乐，得不偿失。倘若遇上，要理智战胜感情，果断放弃，因为爱得越深，伤害越大。

◎真爱无价，无所谓结果，只要曾经拥有。

正因为真爱难求，我们更要追求真爱。爱是点缀人生的最美的花朵，是生命的最大营养。如果有爱，为什么不乐在其中呢？"不求长相厮守，只求曾经拥有"，如泰戈尔的诗句所言，"我也曾经爱过"，爱过，就不枉此生。

3.感情随缘去

在感情上，最好的态度是：随缘。

人在一生中会遇到多少人？能与几个人一见如故，一见钟情？

其实很少。甚至，有些人寻寻觅觅，一生没有遇到真爱，没体验过爱情的滋味。

真爱很难，真爱是缘。茫茫人海，两个素昧平生的人为什么相爱？甚至遥隔千里，却不期然地相遇、相爱。是什么力量呢？说不清，只能归结为"缘分"。

因为缘分，我们相爱。但有时，我们有爱的缘分，却没有结果的缘分。那么，你怎么办？执着地爱下去吗？

很多人爱了，就放不下。失恋了，穷追不舍，或是不甘心，不肯认输，不承认分手的事实；很多人曾经沧海，耿耿难忘，活在回忆中，不能自拔，没有热情追寻新的爱，失去再爱的能力，无法开始新生活；有的人走进一份不被人承认、见不得光的爱情里，眈眈其中，任年华老去……

所有在感情上勉强和执着的人，最终都是得不偿失，他们得到那点儿自恋似的爱的甜蜜，远不抵他们自作自受的痛苦。

我曾经有过一段妄意执着的恋爱。

说恋爱也许谈不上，因为人家拒绝了我，是我几次三番非要跟人家好。说真爱也不准确，或者叫单恋吧。

那年春天，单身的我正苦于无法打发自己的业余时光，想谈个恋爱，能有个人陪我玩。于是，我遇到了他。

我管他叫驴友，因为他几乎每个周末都要登香山，有时跟队，有时自己一个人。他是北京人，满嘴京片子，风趣幽默，经常逗得我哈哈大笑。他人长得很帅，很有男人气质，性格风流，这些都吸引我。

第一次跟他登香山时，登的是不交门票的野山，我第一次登这座山，很有兴致，更喜欢这份天然的野趣。他在前面带路，我跟在后面走。看我吃力，他就拉我一把。开始我有些矜持，在愉快地边走边聊中，我们很快熟得像老朋友了。一会儿，他又走在我后面，推我上山。甚至，我感觉他还轻轻地拍了一下我的屁股，不知为什么，我没有一点儿反感。

我们在树林中穿行，四月的香山，天蓝风暖，桃红柳绿，春光明媚。他不时地给我拍照，而我也很享受。令我吃惊的是，他很会拍照，角度选得很好。我从没见过把自己拍得如此美的照片，我吃惊于他对我的发现。

他虽然做建材销售，但文史知识丰富，而且在我看来有相当的品味和审美的眼光。

我们无话不谈，唱着歌儿，在树木丛中穿行。他一会儿消失在高过一人的野草间，我害怕地大叫；一会儿他突然出现在我身后，惹得我尖叫，然后是哈哈大笑……

我感觉自己像一只野兔，那么自由，那么快乐。

他说自己很坏，很好色，让我小心。他说自己离婚了，一个人带着一个八岁的孩子，不想再娶，也不想再谈恋爱，只想搞一夜情。他对我坏坏地说："我很坏，很好色，你要小心哦！"我愣愣地看着他，不明白他的话是真是假，他有些诡秘地朝我笑，我"哈哈"一乐，心想：越这么说的男人，越不好色。他盯着我看，说："你要求很多。"一会儿又说："你很有才，为什么不写书呢？"我当时正在一家单位做内刊编辑，但做书已经在我的计划中，我又美好地感觉到：他是那么懂我。

我们坐在一块山石上歇息，旁边的桃树含苞待放。他突然激动地抚了一下我额上的发丝，我害羞地低下头，他笑了："桃花粉面，哈哈。"然后，他情不自禁地抱住了我，嘴唇似乎要凑过来。而我不知为什么，居然没有躲。他很快放开手，说："你是个好姑娘，我不能。"然后轻拍一下我的肩，说，"走，我们继续！"

夜幕降临时，我们站在山下欣赏华灯初上的北京城，拍几张照片，然后一路欢歌着下山。他送我上车，潇洒地说再见，而我看着他的背影，竟有些留恋和失落。

……

我无法逃离地爱上了他，主动给他电话，他倒痛快地说："一起登山可以。"言外之意，不想谈恋爱。我倔强地想：我就不信他不喜欢我。

没几天，下班后，我又打电话给他，直接地说："我想让你陪我逛街。"他说自己很忙，还要回家给孩子做饭。我说："我不管！"他犹豫一下，说："好吧。"

他如约而至，就在我们单位附近，逛王府井大街。华灯初上，我们看人来人往，他不时地对路过的人点评，猜测人家的职业、性格，甚至性取向，风趣幽默，逗得我大笑。他也不请我吃饭，我请他吃饭，他说不吃。两个人就这么一起聊天，直到九点多。他推着他的自行车，送我到北京站。我情不自禁地说："你能送我回家吗？""不行，我只能送你到车站。"我急了："难道你不喜欢我吗？""喜欢，但不想恋爱。""为什么？""没有为什么，你要求太多，我们不是一类人。""我要求不多，我都不嫌弃你离婚有个孩子……""那也不行。""行！""不行！"公车来了，他说："快上车回家！"我不上，赖着不走。他推车要走，说："你不走我走。"说着就走，我拉住后面车座，不让他走。他摇摇头："好，下趟车必须走。"我孩子气地笑了。下趟车很快来了，他催我上车，我还是不上。他有些生气了："你真不走是吗？好，我可真走了！"说完推车要走，我又拖后座，他一用力，车子滑出去了。他看了我一眼，然后上车而去，剩下我一个人，又恨又无奈，只能看着他的背影在夜色中消逝……

我确信自己爱上了他，觉得他也爱我。我打他的电话，工作时间也打，说要见他，要他陪我登山，他说："登山可以，但不恋爱；一夜情可以，但不谈感情。"我生气地说："好，我可以一夜情。"他那边问："真的吗？""真的。""好吧。我下班就去找你。"但到下班时间，我打电话，他说："没时间。你别再打电话了，我们不可能。"我气得挂了电话。

我不死心，着魔一样地打电话，不相信自己征服不了他。我又打电话，他开始还好好说话，一旦我说要见他，他就说忙。我无奈了，改了策略，说："不谈恋爱就做普通朋友吧。"他说："和你，朋友也不做。"我气极了问为什么，他说："我们不合适。我怕控制不住，你是个好姑娘，好好在北京混吧！"

我沮丧极了，欲哭无泪。

几个月后，我还是难忘他，打电话，他说正和情人在一起。我问："你不是不恋爱吗？""不是恋爱，只是情人关系呀！""恶心！"我骂了一句。他笑着说："情人久了也有感情啊。听，我的情人在洗澡。"我气极了，说："好，好。你们混吧！再见！"

从此再不联系他。

但第二年，我还没谈上男朋友，有一天又想起他，打他的电话，他换号了。QQ里不知他何时已经消失了。我发疯般地在QQ里找他，居然又找到了他！我们约好登山去。我欣喜若狂。去香山的路上，我地美美地回想着。但到山下后，发现他这次跟队登，看见我，他淡淡说："走吧，我们跟大家一起走。"我有些失望，但只要能在一起，我就很知足了。

登山过程中，我一直撵在他屁股后面走，他走得很快，我也用力地跟着，有驴友逗他说："哥们儿幸福啊，有美女这么不离不弃地跟着……"但他总是想甩掉我，走得越来越快，我在旁边时，他就别的女人说话，也不再看我，不再拉我上山，因我没登山杖，他只从树上给我弄了一根树枝，就不再理我，我在旁边时，他还跟别的女人讲话，我有些受伤，不再紧跟他，只跟着大队人马走，但希望能不时看到他：他大多时候都是远离别人，一个人走。最后，他跟领队说了声："我自己先走了。"看了我一眼，就走了。留下我，失落至极。

之后，通过几次电话，就是互相问候。我又说想见他，他说不可能的。我一气之下删了他的电话（虽然后来又后悔了），从此再没联系。留下我一个人在一年多的时间里活在回忆中，几乎每个周末我都去登香山。

今天想来，我的这段感情，与其说是痴情不如说是"我执"，与其说是真爱不如说是爱自己，不少征服欲在里面，太自信，不甘心，所以死缠烂打。但结果呢？还不是自欺欺人，空耗了两年多时光。

感情没什么道理可言，不是付出就有回报。在一份无果的感情上，付出越多，受伤会越多。当你的感情没有呼应，不合拍，不对等，再美的爱情也是镜花水月。虽然真爱无所谓付出，更不会后悔，但伤不起，不必执着；没有缘分，不必勉强。

在感情上寻寻觅觅，做了很多无用功后，我最终遇到现在的老公，没费多少力，很自然地开花结果。有爱有果，这才是真正的缘分。

这缘分让你明白：寻寻觅觅，千转百回，蓦然回首，那人却在灯火阑珊处。一切来得那么辛苦，而又那么快，那么及时，甚至让人措手不及，还来不及想明白——噢，原来之前所有的寻觅和曲折，都是为了——等到他（她）！

最终，我们会明白：爱情和婚姻都是等来的，缘分到了，才能拥有。否则努力也枉然，妄意执着只能自苦。我们该相信：有个人，在永远地等待着自己。他在某个时候、某个地点会出现，他属于自己，谁也抢不去。当然，这个等，不是守株待兔，而是顺其自然，积极但不是无谓地等。

你在单恋，还是痴恋？如何走出爱的痛苦、烦恼？

◎寻找真爱，追求幸福，但怀一颗平常心，明白爱是缘分。

◎可以追求轰轰烈烈的爱情，燃烧自己，但不要飞蛾扑火，让爱埋葬了自己。

◎在一份无谓的感情上执着，就算自己甘心乐意，最终也是自作自受，得不偿失。学会放下，用很大的力量和勇气，是放过对方，也是解放自己。

◎感情上最好的缘分是有爱有果，如此才值得彼此执着，因为有共鸣、有对等。

◎不要因爱失去了起码的理智，一味活在自己的感受和幻想中不能自拔。爱情是梦，很美好，但不能实现的梦再好也是泡影。

◎感情是两个人的事，不是你付出就有回报，不是努力就能成功，单方面的自信和执着不顶用，明白了，就不会做无谓的执着和努力。在没有回应的感情上，多情反被无情恼，付出越多，受伤越多。

◎失恋了，一时难忘，可以理解，但不要太过痴情，眈眈太久，毕竟爱情不是人生的全部，我们还有很多别的事情要做。

◎爱情是一所学校，对人影响至深。失恋不可怕，重要的是你收获了什么，是否明白了真爱，是否提高了智慧，以及爱的能力。

天下万物皆有所属，爱情也是，爱情是等来的，相信有个人属于自己。你可以努力，但不要做无谓的执着。最自然地出现在你生活中的那个人，才是你的缘，才是属于你的爱。

感情很难但又简单，难在缘分，简单亦在缘分。缘聚缘散，让感情随缘去。

4.执子之手，与子偕老

孔子说："夫妇之道，贵在长久。"意思是，夫妻的正道是长久，否则就不吉。西方的启蒙思想家卢梭也说："我不仅认为婚姻是一切结合中最甜蜜的结合，而且认为婚姻是一切契约中最神圣不可犯的契约。"

可见，在婚姻上，无论中外，人们的态度都是认真、严肃的。

这在传统社会表现得更明显。

传统的婚姻观念，是强调忠贞不贰，彼此坚守一生。

人们总说在传统社会女子没地位，我看未必。男女本有别，男人阳刚，女子阴柔，天性使然。所谓"妻为夫纲"，女子婚后从夫，要夫唱妇随，相夫教子，敬侍公婆，守妇道。男主外，女主内，这样的安排不也是很合理吗？实则对女人、对家庭也是一种保护。

所以，那时很多游子、征夫坚守爱情，维护婚姻，于是出现了很多传诵千古的爱情诗篇，"山无棱，天地合，才敢与君绝"，"青青子衿，悠悠我心"，"执子之手，与子偕老"……

他们遥遥相望，佳期如梦，诗笺表寸心，鸿雁传书寄相思，青鸟殷勤相探看。思念如绵绵流水，在对爱情的信仰和坚守中，古人的爱情如诗如画，深情隽永，浪漫美丽。

那时，男人可娶小纳妾，但妻子不失位，妻妾各有名分地位，丈夫对哪个都要负责。而女人们，即使独守空房，失宠幽怨，也不轻易变节，移情别恋，那份感情寂寞又美丽，婚姻也显得更安全稳定。而稳定的婚姻，对家庭的和睦和社会的稳定起了重要的根基作用。与她们相比，追求自由和独立的现代女人，难道就多了幸福和安全感吗？我看未必。

最美的爱情是有情人终成眷属，最好的婚姻是相濡以沫，白头偕老。唯有忠贞不贰、相依相守的爱，才给人真正的幸福。

我本人比较认同传统的婚姻观念，所幸，我遇到的男人也持这样的观点。

经历过两次没有结果的恋爱后，我已经无法挽回地成了大龄剩女。累了，加之父母的压力，我真的想结婚了。这时，我现在的老公出现了——一个同样想结婚的大龄剩男。

　　或许是天意，他突然出现在我的生活中。不，严格地说，是出现在我的QQ中。他说在网上看到我的照片，被我的"文静"、"知性"吸引（虽然后来发现一点儿都不文静，呵呵），而他的照片给我的印象是"很爷们儿"、"有情有义"、"负责"（这个我婚后才对他透露，哈哈），也算未见真人彼此已心生向往。

　　初次QQ聊天，彼此简单地自我介绍，包括曾经的恋爱史，都很坦率，表示现在恋爱就直奔结婚。他说自己很冷静，但在感情上很感性；我说自己很感性，有些完美主义。他问我对男朋友的物质要求，我直说："工作可以不稳定，但要有工作能力；户口无所谓，但房子要有。"他表示理解。就这样我们认识了，彼此印象还不错。

　　此后一个多月，他出差了，我们就没再联系。他给我的印象也不深刻，但不知为什么，我的直觉是他会再找我，此人比较靠谱。

　　果然，一个月后，他上线找我，说才回京，又说在空间里看到我又出书了，表示赞赏。这次聊天，他要了我的手机号。

　　当天下午四点多，他来电："我要去见你。"还没等我回答，他就说："你等我，我这就去，到了打电话！"然后就挂了。我有些气，心说：这人咋也不问问我的意见，我有没有时间呀。真够霸道的。但心里又有个声音说：他这股不由分说的霸道劲儿，他的这种果敢劲儿，让我有种被征服的感觉，我还挺喜欢。已经很少有男人给我这种感觉了，以为再也找不到了。心里也想见他，充满期待……

　　电话里，他的声音有点细，少些男人的沉厚，我有些失望。当他站在我面前时，看他中等偏上的身材、不修边幅、一身朴素的休闲装，我心说：真够土的（后来他跟我说，因为要找媳妇，特意做日常打扮，看上就看上，看不上拉倒。不过，因为那天是突然约会，我也没打扮。得，两人都原装，心怀平常心。）

他把"见面礼"给我：一盒巧克力和进口的大红苹果。我也不客气，心说：算你大方，是个男人！

我们一起吃火锅，随便聊聊工作、生活。他不时盯着我看，有时眼珠向上翻，好像透过眼镜在看我，我觉得好笑，又被他看得有点不好意思……

初次见面后，我也没太多感受。我把巧克力和苹果分给同事吃，他们边吃边鼓励我："就他了！靠谱又大方！"

两天后，他上线直接说："我喜欢你，做我女朋友吧！"我有些猝不及防，说："这么快、这么简单呀，我们还不了解……"他说："不用了解，这就够了。"又是不由分说，让我不好拒绝……

然后，我们正式交往了。如他所说，他为人冷静而果断，但感情很丰富。他经常来找我，要么从故宫后面他的单位过来，要么从通州他的住处过来，到南四环外来找我，也算很辛苦了。

几次见面后，我们正式恋爱了。

促使我认定他的，是那次出差，他临走前来看我，一起吃过饭后，我送他走。他在路上发来短信："温柔乡是英雄冢，我先离开，很快回来……"我细细咀嚼这句话，这不正是自己要找的有情有义的汉子吗？虽然这话并非他原创，而此时说来，这么合宜。我虽是写书的，竟然没听过这句话！所以感觉更强烈。

……

我们的恋爱很顺利，不久，我就离开单位宿舍，搬到他家。经过一年多的相处，我们最终走入婚姻殿堂。很快，我们买了自己的房子，结束了北漂生活。

我们的价值观一致，婚姻观念都很传统，主张彼此忠诚负责，从一而终。这是我们婚姻的坚实基础。因为这个，其他的一些枝枝节节，都显得微不足道了。

走过最初的磨合，如今我们彼此已经了解、适应，彼此关照、依赖，过起了细水长流的小日子。

时间真快，转眼我和老公一起生活已经五年了。今年植树节那天，我们庆祝了结婚纪念日。岁月催人老，也让我们学会了珍惜。

我们希望可以这样一直走下去，相濡以沫，白头偕老。

爱情或许有玩的成分，但婚姻必须严肃；爱情或许可以不负责，但婚姻必须彼此负责。

现代人的婚姻，自由随便，但也面临更多考验，有更多不稳定因素。

表面上看，现代女人有工作和事业，坚强独立，但这是否是她的无奈选择？因为她认为男人和婚姻不可靠，她没有安全感，她对男人不敢指望，唯有靠自己。女人感到男人没责任、不靠谱，有情有义者少。而男人呢？对女人也多了怀疑，觉得女人不忠贞，不守妇道，太现实，忠贞的少。

夫妻彼此不信任，不忠诚，感情自然容易出轨。感情出轨成了司空见惯的现象，闪婚、闪离成了家常便饭，结婚就像玩了一把过家家，没一点负担，也不留什么痕迹。只是，出轨就能找到真正的安慰？离了，就能找到真爱？感情本来就难，真爱难寻。重新再来，又有多少代价？

为了所谓的个人幸福，因为难耐寂寞，就不敢面对婚姻中的问题，这些都让婚姻显得脆弱、不堪一击。甚至有人觉得，把自己的一生交给一个人，太委屈，宁愿做个朝三暮四的多情种，到处留情……

不知是选择多了，还是要求高了；不知是社会有了问题，还是人心出了问题。这确实是个问题。

我们要维护自己的婚姻，更要学会经营：

◎明白婚姻和爱情是两回事，保护婚姻比爱情更难，所以要有经营的意识。

◎明白婚姻中为何出现平淡期和疲倦期。恋爱时，彼此是对方眼里的西施和宝贝，结婚后，距离感没了，发现了缺点，多了摩擦，真实的东西多了，美感少了，心里产生了落差，甚至怀疑自己的选择。柴米油盐和锅碗瓢盆的琐碎和冗长，让日子平淡无味。于是，有人说，"婚姻是爱情的坟墓"。其实，人没变，变的是生活状态。

◎要建设性地经营婚姻，让爱情在婚姻中延伸，注意调节生活，增添情趣，不失柔情蜜意又相敬如宾，相濡以沫。小溪归入大海，让爱情在婚姻中变得平静而淳厚，经得住生活和时间的考验。

◎倘或没有原则问题，夫妻的感情都不是问题，都能经营得很好。关键要有经营意识，要努力经营，这样，婚姻就可幸福美满。

◎婚姻是道菜，自己做出来。幸福要靠自己来创造。夫妻感情，如同家常菜，吃久了会烦，想换个口味，但几天不吃，一定会想吃——其实我们是离不开家常菜的，因为它是自己烧的，适合自己的口味，久吃不腻。这是家的温暖，也是家的魅力。家的温暖要靠夫妻共同打造。

◎你是否幸福，唯有自知；你能否幸福，全靠自己。你以一种什么样的视角看待婚姻，婚姻就回馈你什么。你的幸福感是自己找的。你去找，才会有。

◎幸福是一种能力。对有能力幸福的人来说，他能使自己的婚姻幸福。甚至可以这么说，只要彼此喜欢，能合拍，那么，和谁在一起都能幸福。

◎境由心造。你想幸福了，那么就能幸福。感情复杂但也可以变得单纯，最复杂的总是最单纯的，最简单的往往是最深刻的。智慧的人，能把复杂变简单。

◎真诚生活的人，不会轻易选择，一旦选择了就会善始善终，为自己的选择负责，对婚姻也是一样，他选择了就会负责。

◎彼此忠诚、信任，彼此欣赏、包容，坚贞不贰，相濡以沫，相依相伴。

茫茫人海，为什么你和他走到一起，不是别人？这岂非缘分？都说"千年修得共枕眠"，夫妻是三生石上的旧相识，不只是爱的吸引，更有一种说不清的来历，让两个人走到一个屋檐下，共同生活。这是多么大的缘分！所谓"千里姻缘一线牵"，是缘分，把两人连在一起，这又是多么大的力量！

所以，要珍惜缘分。这是婚姻的神圣之处。而法律，又让婚姻严肃不可犯。婚姻因神圣而值得敬畏，因严肃而值得维护。

严肃对待婚姻，智慧地经营把握，才能享受婚姻的静安岁月，执子之手，与之偕老。

5.尽孝不能等

　　孔子说："孝悌也者，其为人之本与。"孝，就是孝敬父母；悌，就是友爱同胞的兄弟姐妹，顺从兄长，爱护弟妹。

　　孝悌是为人之本，人之为人，要首先做到孝悌，否则，不算一个合格的人。孔子认为"好犯上者鲜矣"，不孝之人，好犯上；孝子，多仁厚君子。

　　有孝悌，才能爱家，爱家才能爱国；有孝悌，家庭才能和睦，形成良好的家族文化，促进社会的稳定。

　　孝，就是对父母尊敬侍奉，恭顺服从，不仅报答父母的养育之恩，而且要对父母"敬、爱、顺"。

　　"老吾老，以及人之老；幼吾幼，以及人之幼"，由孝亲爱家，延伸到爱他人之老，幼他人之幼，从而形成良好的道德风尚。为何中华文化绵延不绝，以孝悌为本的家族文化起着重要的根基作用。

　　"百善孝为先"，孝敬是为人的第一美德。我国历代重视孝文化，汉代甚至以"以孝治天下"，其中的"孝廉"，就是以孝为标准的官职。汉文帝刘恒，以仁孝闻于天下。他在母亲卧病的三年中，每天亲侍汤药。他以孝治家，以德治国，兴礼仪，兴农桑，休养生息，使国家很快富强。

孝心，连着德、义、礼、智、信等品质，以孝为本，才能更好地修身、齐家、治国、平天下。不孝之人，必然难做到尊敬上司、友善同事、与人和谐相处，事业难成。

相比过去，今天的孝文化差强人意。长幼尊卑不明，对父母不孝不顺，呼来喝去者有之；年过三十不能成家立业，反而心安理得地"啃老"者有之；婚后单过，嫌弃父母者有之，甚至让老人空巢者有之；为争父母的房产，兄弟姐妹间同室操戈、反目成仇者有之……传统的孝文化和家族文化中断，由此带来很多家庭与社会问题。

我们必须报答父母的养育之恩，虽然父母从未要我们回报，但身为人子，孝养父母是天经地义的责任。

我对孝顺的理解，是在我离开父母、离开家之后，才变得更加深刻，从此才自觉尽孝。

少年时，我充满叛逆，经常顶撞父母，还讲大道理"教育"父母，甚至会说他们"没本事，还生四个儿女"，气得妈妈无言以对。今天想来，真是目无尊长，无礼至极。但父母一直很宠我，从没打骂过我。

后来，为了所谓的梦想，我放弃了正式工作，离开父母，只身来到北京。离开了家，没了父母的照护，对他们的感情和思念也日益深厚。我心想：我一定要争口气，要做父母优秀的女儿，让他们自豪！

北漂的生活最初是艰辛的，但我踌躇满志，对未来充满向往。

那年春天，我刚到北京不到一年。一天早上的上班路上，我接到弟媳的电话："姐，爸爸出车祸了！"

猛然听到此话，我不敢相信自己的耳朵，连问："啊？你说什么？"

弟媳重复一遍说："现正在医院呢，他们都不让我告诉你……"挂了电话，我还是不想接受这个事实。我就打电话到家里，无人接；打哥哥的手机，不接；打弟弟的手机，不接。我反复打，哥哥终于接了，吞吞吐吐地说："没事，蹭点皮，上你的班吧。"匆匆挂了。我更急了，打弟弟的电话，他接听说："有我们呢，没事。"

得到证实后，我不再问详情，赶到单位向老板请假，老板理解地说："去吧，照顾老人要紧。"我感激地点点头，交接好工作，回到住处。当时我借住在我们厂驻京办。我要离开，人家说床位紧，让腾出地方。我就卷起自己的铺盖卷儿，背起提兜，把它们放到我的一个湖南籍朋友那里，然后直奔火车站，坐上开往大同的列车。一路上，我思前想后，想到爸爸一直身体健康，怎会遭此不幸呢，真没想到。我一次次泪流满面，全然不顾旁边乘客向我投来的异样目光。

出了站，我打车直奔医院。此时，我没了眼泪，心里告诉自己：忍住，不要哭，一定要给爸爸一个坚强的笑脸。

走进病房，家人都围着爸爸。我一开门，爸爸已看到我，我快步走过去，拉住他的手，笑着说："爸爸，我回来了！"爸爸叫着我的小名："彩回来了，我……"眼泪在他眼里打转。我赶紧没事人一样安慰他："没事的，爸爸。不就是骨折吗？没事。一个手术就会好！"并对着在一旁吓得发呆的妈妈说了一遍，以示宽慰。

爸爸骑自行车时，被后面一个骑车的小伙直撞过来，跌坐地上，髋骨骨折。肇事者一溜烟儿跑了，无从追寻。

医生建议爸爸住院，做牵引保守治疗，至少一个月。因不能下地，要家人一直陪侍。我考虑到哥哥弟弟都是正式工作，而我只是打工的，就决定自己陪床照顾爸爸，让他们照常上班。

在医院，我日夜陪伴爸爸，喂食，接屎接尿，同时学习相关的医学知识，每天给爸爸调换着吃东西。医院的医护人员和同房的病人都看在眼里，对爸爸说："你这女儿真孝顺！"每当这时，爸爸总会抚着我的头发自豪地说："是的。我有个孝顺女儿。"

一个多月爸爸出院后，我才回到北京上班。

但不幸的是，这次牵引治疗并不成功。当时觉得有一线希望，就不想做人工骨头置换手术，不成想保守治疗并不成功。不久，爸爸又在本地医院做了置换股骨头手术，但手术也不成功，两年多都没康复，以致病腿的肌肉都有些萎缩了。我在北京，每想到爸爸痛苦的样子，总会伤感流泪。2010年，我们决定带爸爸到北京做进一步治疗。于是，我开始在北京最好的骨科医院积水潭医院咨询相关专家，了解到爸爸可以做手术。我跑了多次，又整夜排队才挂上那个权威专家的号，但因爸爸已年近七十，加之做过一次手术，时间又长了，有风险，人家不愿意接收做第二次手术。我就求那位专家，最终答应给做手术，但医院床位有限，人家让等住院通知。等了一个月不见通知，我一打听，人家有关系的早住了进去。无奈，我又去求那位专家，人家不大理我，我就天天找他，最终他感动地说："好了，看在你这个孝顺女儿的分上，我为老爷子安排！"

爸爸终于住进医院，院方十分重视，手术当天，大夫们做了会诊，安排为第一台手术，三个多小时的手术后，爸爸出来了，我们才放心……

这次手术很成功，不久，爸爸就下地走路了。现在，老爸已经走路蹭蹭的啦，精神百倍，健健康康。

每当看到爸爸痊愈的病腿，我十分安慰；每当说起自己的腿，爸爸总会说："我有一个好女儿。"

如今，我最大的愿望，就是父母和家人健康平安。

我自己虽已成家，但对父母的依赖和感情反而日益浓烈。有什么好事，工作上有了成绩，我会首先告诉父母与我分享。我平均两三天，给父母打一个电话。每到节假日，必回家看看他们，陪伴聊天。

和家里的老人孩子在一起，对我来说是最幸福的生活。

我们如何尽孝？很多人以为就是为父母养老送终。其实不然，那太简单了。真正的尽孝该是将回报给父母：不仅养老送终，更有平时的陪伴，承欢膝下，让他们有生之年，因我们而感到安慰和幸福。

看起来是如此简单而容易，但并非每个人能做到——我们总是因为各种忙，忽略、忘记或者怠慢了父母。还有很多人认为：我先忙我的，等我事业成功了，有钱了，就有能力更好地尽孝，让父母自豪……

只是，父母是否能等到你成功？天下最遗憾的事，就是"子欲养而亲不待"，等你想尽孝时，父母已不在。有多少遗恨终生、追悔莫及的"孝子"？

很多事，等不得，错过了再不能追回，尽孝尤其如此。

所以，我们快快当下尽孝吧：

◎明白父母的养育之恩，只要有能力，就要时刻想着回报。

◎孝心是为人之本，很难想象没有孝心的人有好人品，能成才。

◎尽孝要趁早，不要等，避免"子欲养而亲不待"的遗憾。

◎尽孝不是单纯地养老送终，而贵在平时的陪伴、侍奉、承欢膝下，尽人子之责。

◎努力做一个好人，让父母放心；做一个健康、积极、独立自主的人，让父母少操心；做一个优秀的人，让父母自豪；做一个孝顺孩子，让父母安心。

◎在家时，珍惜在父母身边的幸福日子；在外时，心系父母，多给他们打电话；报喜不报忧，有什么喜事，第一个告诉父母。

天下没有不爱孩子的父母，"慈母手中线，游子身上衣"，无论你走多远，无论你有多强大，都是父母心里永远的牵挂、永远的宝贝。而当父母老了，你是否把他们当成宝贝？家有老，最是宝。

不要以为自己还年轻，父母还不老、还很健康，就忽略了尽孝。人生遭际无常，旦夕祸福，我们永远不知道明天会发生什么。所以，尽孝要趁早，当下尽孝，不做事后的孝子，以免留下终生遗憾。

6.人生得一知己足矣

每个人都有朋友，但未必有真正的朋友。

真正的朋友，是知己之交，相交一生，善始善终。

真正的朋友，平淡似水，从来不需要想起，也从不会忘记。

都说知己难逢，知己之交，似曾相识，相见恨晚，一见如故，相谈甚欢。知己朋友，可遇不可求，讲缘分。

古人说，"士为知己者死"，知己之交，多有情有义，情同手足，为朋友可两肋插刀，披肝沥胆。人生得一知己足矣，朋友不必多，有一二知己足矣，足可欢愉人生。

人活在世间，知音少，人孤独。一旦遇到知音，一定要抓住他，珍惜他。有知音相伴的人生，才幸福完美。

高山流水的故事，人们早已不陌生，但因为它太经典，我们还是拿来重温。

这天是8月15日，俞伯牙奉晋王之命出使楚国。他乘船来到汉阳江口时，遇到风浪，只好在一座小山下留驻。

晚上，风平浪静，月明星稀。他琴兴大发，遂弹奏起来。很快，他进入忘我状态，十分沉醉。

恍惚中，他感觉到对面似乎站着一个人，一动不动。他一惊，因手下用力过猛，"啪"的一声，琴弦断了一根。

只听对岸的那人说："不好意思，先生，惊到您了。我是打柴的，回家路上，听到您的琴声，如此好听，忍不住站在这里听起来。"

俞伯牙定睛一看，那人身边果然有一担干柴，果然是个樵夫。他想：一个打柴的，能听懂我的音乐吗？于是他问道："你说能听懂我的音乐，那你说说，我刚才弹的，是什么曲子？"

樵夫笑道："先生，您刚才弹的，是孔子赞美颜回的曲子。"

伯牙又惊又喜，没想到这樵夫果然懂音乐。于是，他兴奋地邀请他上船来细谈。

樵夫看着伯牙弹的琴，说："这是瑶琴，相传为伏羲氏所造。"他居然还说起瑶琴的来历。伯牙听着，心中对他暗暗佩服。

伯牙又弹起一支曲子。当琴声激昂高亢时，樵夫说："这是在表达高山的雄伟。"当琴声变得轻细流畅时，樵夫说："这是在表达流水涓涓。"

伯牙惊喜万分，一直以来，自己感叹没有知音，不想在这山野之乡，竟然遇到自己的知音！他是这么懂我，怎么能不欣喜呢？

他急不可待地问："你叫什么名字？我们做朋友吧！"樵夫也十分高兴地回答："我叫钟子期。"

两人相见恨晚，饮酒谈天，相谈甚欢，遂成知己，他们相约来年中秋，旧地重逢。

次年中秋，伯牙如期而到，但却久久等不到子期的到来。他弹起琴，希望知音能听到，但还是不见人来。

他着急地四处打听子期的下落，有位老人告诉他："钟子期已染重病去世了。临终留下遗言：'把我的坟墓修在汉阳江口边，以便在中秋节这天能听到俞伯牙的琴声！'"

听到此言，俞伯牙悲痛万分。他来到钟子期的坟前，凄怆地弹起那首《高山流水》，弹罢，他挑断琴弦，一下子把心爱的瑶琴摔在青石上，悲痛地说："知音不再，我还能弹给谁听呢？"

从此，再不弹琴。

后人有诗赞美：

> 摔碎瑶琴凤尾寒，
> 子期不在对谁弹！

> 春风满面皆朋友，
>
> 欲觅知音难上难。

这就是名曲《高山流水》的典故，而俞伯牙和钟子期的知己之交，也伴着这首音乐，千百年来感动了无数人。

可见，真正的知己之交，是相见恨晚，一见如故，而且有情有义，一诺千金，信守诺言。

回望传统的友情，其显著的特点，就是重情义，情同手足，比如三国时刘备、关羽、张飞的桃园结义，生死相随，志同道合，共创伟业。甚至，为了朋友，可赴汤蹈火，英勇赴死，比如荆轲，风萧萧兮易水寒，"士为知己者死"。今天，这种"义"，似乎只留在了黑社会，而鲜见于友情了。

今天，人们崇拜金钱，道德在金钱面前一文不值，所以很多所谓的朋友关系，都是逢场作戏，权钱情交易。友情停留在表面，表现在利益上。朋友相聚，不过是表面的热闹、肤浅的快乐。然后，各自孤独地散去……

没有深情厚谊，哪来的朋友？所以，我们比古人更孤独，更缺乏朋友。而知己之交，就更加难遇到。

我们不断结交新朋友，也在不断流失老朋友。世态炎凉，人情势利，珍惜者少，时间在流走，也带走我们的友情……

是啊，相识满天下，知心有几人？往往"知交半零落"。可是，我们有没有问问自己：有多少朋友，失去了联系？有多少友情，能够善始善终？当你孤独寂寞时，是否会想起他们？是什么中断了与他们的联系？或许，在你偶然想起他们时，他们也在想起你……

今天，我们比任何时候更需要朋友，那么，就从今天做起，珍惜友情：

◎对待朋友，不能像猴子掰棒子，掰一个扔一个，最后只能两手
空空。这样，最终会发现没有一个朋友，那将是多大的失败和
遗憾！

◎知己之交，就是一种气味相投、一见如故的缘分，是可遇不可
求的，因此要倍加珍惜。人生能得一二知己，是最大幸福。

◎"交人交君子，受益一生"，你的知己之交，必然是君子，才
能真正受益终生。

◎人是旧的好，无论何时，不要忘记儿时的伙伴、少年的同桌、
青春的朋友、患难之交，他们往往是你的知交、一生的朋友。

◎找个时间静下来，好好回想一下，整理一下自己的朋友清单，
建立一个朋友档案，明白哪个是你的知己朋友。

◎知己朋友，既要时常联系，也要彼此留给对方空间，相互欣
赏，彼此激励，有情有义，善始善终。

朋友是人生的重要财富，需要经营，所以，我们现在就抽出
两分钟，拿起手机，拨通朋友的电话吧！

第六章
静看花开花落

1.道在平常心

人有虚荣心，都想往高处走。欲望不止，没有满足。

在没有什么经历时，要他做到怀有一颗平常心，知足而乐，是不容易的。要做到真正的平常心，做到知足知止，是不容易的。人往往是在经历些起落后，才能真正明白人生。只有经历过，才明白平常心是道。

曾经，我怀揣着一个年少轻狂的梦，不安现状，放弃正式工作。因为虚荣，我到电视台打工。看电视台风气不正，就到报社；到了太原，又想起了北京梦。于是又一无所有地北漂到北京，一个人踌躇满志地打拼。

我住在西单附近的厂招待所。为了生存立足，我的两三份工作都开始得比较仓促，单位小，工资低，当然不能令我满意。后来，我到一家全国妇联下属的单位，做内刊编辑，与我的爱好接近；单位就在长安街妇联大楼那边，离我住的西单不远，也可满足我作为外地人的虚荣心，晚上我还可在北京的中心看看夜景。

但两年下来，我有了自己的原始积累，基本有自信在北京可以立足了，于是我又开始不满了，眼前这份工作虽然很稳定，没压力，但离我的梦想还是很远。不行，我要再上一个台阶，我还是要做公开出版物才好。于是，我又开始做报纸、杂志的编辑，但单位都是私人承包性质，而我之前所在的都是地方上的国企和事业单位，下去采访很风光的。虽然老板们都对我很好，我还是心不在单位，很快不干了。

我天生充满好奇，精力旺盛，总想在年轻时全方位体验生活。这让我积极进取，但也不安现状，这山望着那山高，追求完美，总想一步步向上，直到梦想的巅峰。我于是频繁地换工作，谦虚地到一个地方，感觉没什么意思后，又骄傲地离开。那时，心中充满自信和力量。想去的单位，都能如愿进去。想做记者、编辑，我先后到过电视台和报社、杂志社。

我一直想去社科院，觉得在那里可接触到更多的大学者。当然，我的学历不行，但打杂也行啊。当时（好像是2008年秋天），社科院内部有份报纸《中国社会科学院报》，正好招记者，我就毛遂自荐了。结果，我得到了这个机会，简单面试后就进入试用期了。我欣喜若狂。单位很正规，福利也好，我十分珍惜，工作卖力。三个多月下来，领导通知我说，要签正式聘用合同了，我十分高兴。但两个多小时后，又突然通知我说："不好意思，由于你的学历只是本科，在学术上缺少经验，所以……"我明白自己最终落选了。同时落选的还有北师大毕业的一位硕士生，人家学历不低，工作也不差呀。事后我明白，当时该报次年要全国公开出版，竞争者很多，所以我们这没关系的自然落选了。

当时，我因为想不开，无法面对这个现实，还倔强地跟领导要说法。如今想来，真是幼稚。事后我明白，因为一颗虚荣心，所以那么在乎这单位。其实，想想天天开会，政治气氛浓厚，人事关系复杂，这些并不适合率真的我，在这里，如果没有背景和机会，难做成什么事情。

另外，我还想去中国艺术研究院，想在那里增加一下艺术方面的知识和修养。但经过在社科院报社的经历后，我对国家单位不再抱有什么幻想了。

随着阅历和年龄的增长，我的体验心、虚荣心和锐气都大大减少了，这促使我进行明确的也是最后的职业定位——选择写书、做书。我一直追求有恒久生命力的思想和价值，而报纸、杂志的短平快是满足不了我的这点"野心"的。

人过三十岁，我沉淀下来，沉静下来写书、做书，这也更符合我梦想的方向。

我的经历是丰富多彩的，也算是幸运的，但因为虚荣心，因为不安于现状，所以也走了不少曲折反复的路，甚至弯路。倘若在积极进取的同时，能有颗平常心，安于现状，脚踏实地，结果可能是另一番光景。

经历了很多以后，我的梦想才不那么多，才集中为一个；才明白了无论梦想多大，也需怀一颗平常心，平常心是王道。

那么，平常心是什么？平常心就是简单、平淡、平凡。最深刻的往往是最简单的，看上去最平常无味的。

明白此，才能真正成熟起来，明白人生的真谛，提升修养，更好地把握自己，明白如何生活。

平常心就是能看到事物本质，有自知之明，也不随便羡慕他人。孟子对此认识深刻。

一次，孟子与齐国的宰相储子相遇，储子问他："齐王总打发人去探视先生，想必您有什么与众不同之处吧？"

孟子说："有什么不同呢？即使是尧舜，也就一般人呀！人有的我也有，人没有的我也不能强求。我们人人都一样。圣人和我也没什么不同。"

在孟子的这番话里，透着自知之明，有相当的自信，也有很大的谦虚。一切都那么自然地存在着，一切没什么了不起。他认为自己坚守道义是理所当然的追求。平凡人不必崇拜圣人，圣贤也不必自以为是。这是真正的平常心。

平常人看伟大的成功人物，为什么觉得他们了不起？因为失去了自我，看低了自己。所以，面对人家他相形见绌，没了自信，剩下羡慕妒忌恨。其实，就是圣贤，也有常人心，区别在于他坚守了自己的赤子天性，心怀平常心，专心致志地做他自己觉得该做的事情，然后就超越了很多人。

有些人为何整天闷闷不乐？主要因为欲望太多，要求太多、太高，庸人自扰，自找烦恼。看别人功成名就，有名有钱，他羡慕；看别人幸福，他羡慕。他看到的、他比较的都是别人，唯独看不到平常、平凡的好。这样，哪里会有快乐？

你在桥上看风景，桥上的人看你也是风景。那些高高在上的人，看似风光，也许并不快乐。"高处不胜寒"，历来有多少身处高位者为名利所累、所害？而另有一些人，无论身处何境，无论成败顺逆，无论幸与不幸，始终"宠辱不惊，闲看庭前花开花落；去留无意，漫随天外云卷云舒"，以不变应万变，不失自我本性，守一颗平常心，能守富贵，能耐贫穷，既能吃苦又能享受人生。古人云："君子安贫，达人知命。"心怀平常心，进退自如，宠辱皆忘，知足快乐。这是真正的修养和智慧，所以说平常心是道。

出人头地，光宗耀祖，功成名就，荣华富贵，固然是我们该有的追求，但人各有命，也各有痛苦。皇帝有自己的痛苦，乞丐有他的快乐，这就是百态人生。地位上虽有高下之分，苦乐的形态虽有不同，但人生的本质没多大区别。任凭是谁，都不能摆脱人生的痛苦。区别就在于你如何对待，如何把握。智者能看透人生，智慧地把握自己，善于自娱自乐；庸者随波逐流，活在他人的世界里，依靠他人取乐。

据说，德国的前总理科尔，退休后去做一位花匠，乐在其中。他享受的正是那种身居高位时难得的平常的安静和快乐。

要做到怀一份平常心，不妨从以下几方面做起：

◎既要积极进取，力争上游，又要怀一份平常心，不做无谓的执着，尽心尽力就足够了。

◎对于功名利禄，不贪求。有，就惜福享受；没有，也能安于平凡。不因富贵而得意忘形，失去简单本性；不因贫穷而自馁，不安现状。坦然面对人生，能享富贵也能受贫穷。

◎平常心是道，明白平淡是人生的常态和真谛，要善于发现平凡中的美，知足常乐，乐在其中。

◎不要和别人比较，因为人与人没有可比性，活得是否成功、幸福、快乐，不是看出来的，全在自己的感觉里。活出自己的精彩就足够。

◎做自己喜欢的事情，不问成败结果，只管努力，乐在其中。

◎善于调节自己，不浮躁，弹性地生活，艺术地生活，保持生命的能量和张力。

◎活在当下，感恩岁月，珍惜眼前拥有的，在平凡中找到生命的
意义和乐趣。

有平常心的人，安静、安详，摆脱浮躁，脚踏实地，知足、知
止，状态最好，别人看他也十分舒服，他能与周围友好相处，生活
得快乐。

2.学会舍得

我们为何总是不开心？因为心中有"我"，执着于"我"——
自己想要的，得不到，痛苦；自己喜欢的人，不喜欢自己，痛苦。
放不下，舍不得，所以痛苦。

世间万物都在一舍一得之间，有舍才有得，不"舍"不
"得"。因为舍得，才得快乐。"舍得"是不患得失，是一种超脱
的人生态度和智慧。

佛家中，"舍，就是得，放下便得自在"；道教中，舍是无
为，顺应天道自然；儒家中，"舍恶以得仁，舍欲以得圣"。在今
人的眼里，舍是付出，是投入，得是收获，是回报。

实际上，人生的很多苦是因为太"执着"，不肯放下，不甘

放下。世界本不完美，但追求完美，对人、对事苛求；自己没能力，却好高骛远，眼高手低，空怀热情，不讲策略地硬拼；追求一个人，但人家拒绝，不甘心，穷追不放；羡慕别人的拥有，心里不平衡，自己也要拥有……作为追求，原无可厚非，问题就在于不可能有结果，不可能如愿，所以又何必太"执着"？这样的"执着"，只能是苦。

天下万物皆有所属，各赋禀性，<u>丝毫不以人的意志为转移</u>，不是你想怎么样就可以的；而且，天下事物的发展都是有时机的，同样不会受人的左右，所以不是主观努力就一定可如愿成功。更何况，人都有个人局限，有能力之不能及，只是个人意识不到罢了，所以总是自信满满，冲劲无限。岂不知，这里面有多少是无谓的盲动和不自知的行为呢？

中国有夸父追日的故事，见于《山海经》。夸父是幽冥之神后土的后代，是个力大无边的巨人。他住在北方的荒野之地。他两耳挂两条黄蛇，手拿两条黄蛇，一路奔跑着，去追赶太阳。

当他到达太阳将要落入的禺谷之地时，他觉得口渴，便去喝黄河和渭河的水，但是，河水被他喝了，也不能止渴。他又继续奔跑，想去喝北方大泽的水，但还没有走到，就渴死在路上，他的手杖变成桃林。

夸父追日的精神虽然可嘉，但他与太阳竞走，必然是失败的、徒劳的。

西班牙小说家塞万提斯所著的《唐·吉诃德》，讽刺了当时盛行的骑士小说。唐·吉轲德沉迷于骑士小说，幻想自己是中世纪骑士，然后他奔走天下，行侠仗义，立志铲除人间奸恶。但他一味凭幻想做事，做了很多可笑的事：比如他把乡村客店当作城堡，把老板当作城堡的主人，硬要老板封他为骑士；他把风车当巨人，冲上去与它拼杀，弄得遍体鳞伤；他把羊群当军队，冲上去厮杀，被牧童用石子打落了牙齿……

他就这么一路闯祸，一路碰壁，但仍执迷不悟，真到临死才最终从幻想中醒来，后悔自己太执迷于骑士小说。

夸父和唐·吉诃德的失败，皆因为脱离现实，所以虽然理想远大，执着努力，但最终失败。虽然精神可敬，但终是悲剧人物。

只有当他努力了，争取了，觉得应该成功但没有成功，只剩下遗憾时，他才体会到人生的无奈、际遇的无常。明白有时候"有志者"不是一定"事竟成"；有时候，不是"一分耕耘，一分收获"。从小，我们受的教育是"执着"奋斗，这原本应该是强者姿态，但必须认识到，有些"执着"不必要，因为达不到，"执着"的结果只能是压力和自苦。

天下成功的人只是少数，大多数人要归于平凡。努力也有徒劳，辛苦也有白费，说明什么？成事在天。夸父逐日，虽然精神可嘉，但毕竟悲壮而死。这说明有些执着是不必要的。你想要的东西，也许不属于你。就此意义讲，我们不能光有雄心和远大目标，还要有自知之明，问问计划是否可行，是否有足够的承受力，否则不如放弃。只有放弃，才能重新开始。

或许，一直以来，我们被一些成功的励志宣传欺骗了——好像人人都能成功一样。人虽然应该做强者，自强不息，但每个人都有自己的成功之路，别人的成功不能复制，学不来，只能借鉴。最重要的是，努力探索自己的成功之路。

现实很复杂，而且充满变数，很多时候，不以个人的意志为转移；很多情况下，个人如一颗流沙，只能随波逐流，完全不能自主，身不由己；很多时候，执着地努力，但最终不能如愿。这是人生的一种无奈。不是人人有幸能成功，不是执着就一定能得到。没希望了，就要学会舍得、放弃。

当然，因为欲望和不甘，我们总是舍不得，放不下。舍得需要学习，往往是，经历一番曲折后，有了切身体会，才真正明白"舍得"、不执迷自苦的道理。佛家认为，人之所以痛苦，就是因为追求错误的东西。这个错误的东西，当然不只是做坏事，违背道德良心和法律，主要是指追求自己达不到也不属于自己的东西，所以佛家说"执着是苦"，道理即在此。

只因世人有"我执"，所以生出种种嗜好和烦恼。前人云："不复知有我，安知物为贵？"又云："知身不是我，烦恼更何侵？"的确如此。假如已经不再知道有我的存在，又如何知道物的可贵呢？假如能明白连身体也在幻象中，一切都不是自己能掌握拥有的，那么还有什么烦恼能侵害我呢？

但世人看不透，很多烦恼皆自取。世上很多执着之苦，都是自己造的境，自己造的景，自己布的迷阵，出不来了。只有当他失败失望时，才有所领悟，才明白执着之苦，才明白有些事情真没必要太认真，从此学会舍得、放下。有时，投入越多伤害越多，从此学会不轻易投入，免得再受伤，感情上尤其是如此。

所以，我们不妨从以下几方面学会舍得、放下：

◎明白有舍才有得。人生需要不断地刷新，以重新上路，获得崭新的成长和进步。

◎执着努力本是好事，但如果太过分就是一种"我执"、勉强。无谓的执着，是对生命的浪费，不值得。什么样的执着是无谓的呢？就是在争取的过程中，发现很难再进行下去，再进行下去不但没有结果，也没有意义，那么，这种执着就没有必要，成了负担，不如放下。

◎人生短暂，经不起太多的浪费和停留，没有任何事情、任何人，有理由让我们浪费宝贵的生命。分清轻重缓急，一旦发现事情不可能成功，就掉转方向，改变计划，把主要的精力和时间，放到最该做的事情上去。这样，才能减少生命的浪费，有所不为才能有所为。

◎不是所有的努力和坚持都能如愿，该半路放弃的就放弃，不论自己有多么不舍，也要学会舍得，只有放下，才能解放自己，获得轻松和新生的力量，才能走得更远。

◎虽然我们主张真诚生活，认真地做人、做事，但事实上，有些事情却不能太认真，因为严格来说没有道理，又何必太认真呢？太认真了，就不免陷入理想和完美主义的境地而不能自拔。

◎有自知之明，不去追求不属于自己的东西；面对不可改变的事实，学会放下，从而做到万事随缘。做自己喜欢做、应该做、能做成的事情。

◎一些事情，就让它过去吧，何必太较真，何必非要弄个究竟？

没意义，事实就是证明，何必再求个心理平衡，证明什么？更没必要，只要不失自己的人格和原则，不要乱了是非对错的标准，那么，一切事情不必太认真。真正好的生活是越活越简单，越轻松，越快乐。

◎舍得，需要在经历和修养中慢慢学会，从而变得宽容、达观，不再执着地钻牛角尖、患得患失，不会耿耿于怀。

◎心中一直想要的那个，本不属于自己，再努力也是枉然，不如舍得，把自己调整到最佳状态。

◎正确认识执着。既要执着追求，又能举重若轻，"拿得起，放得下"，避免走弯路，徒劳无功。眼高手低，勉强做自己没能力做的事，给自己无谓的压力，是作茧自缚，庸人自扰。

◎学会舍得，不是让你消极，而是要有明智的判断和选择。

舍得是一种大智慧。人生苦短，不如意事十之八九，勇于舍得，才能活出真自在。不执着于物，也不执着于念，才是真正的悟。

万事都有一个机缘，丝毫不为个人主观意志而动，不是你想怎么样就可以的。佛家说："众生根性百千，诸佛巧应无量，随其种种得度不同。"我们所能做的，就是顺道而行，顺其自然，随时随缘，随遇而安。我们唯一能够把握的，只有自己的内心，让内心顺应这个不变的东西，才能活出自己的安然适意。

3.清静的充实

老子说："清静为天下正。"大道至简，清清无为才是天下大道，是一切事物的天性或者说本质。只有遵从这个天性，才是符合大道的。

人只有回归清静，才能回归自我天性、本真，找回本来的精、气、神和聪慧，不失自我，少有浮躁、烦扰。

先清然后才能静。清，是干净，也是清理。干净是静的本质状态，清理才能入静。想事情需要静心归一，专心致志，修身养性更需要让心归空，虚静无为，反观自省。所以，清静是一个人必需的修养。

内心宁静的人，往往有着充实的精神世界，内心丰富。同时，他也有着无边的定力，能排除干扰。

古人十分重视静修的功夫。不只是佛道中人，世俗中人也自觉修静。

诸葛亮54岁临终前，曾写给8岁儿子诸葛瞻一封家书，名为《诫子书》，上面写道：

夫君子之行，静以修身，俭以养德。非淡泊无以明志，非宁静无以致远。夫学须静也，才须学也。……

这里，首先提到了"静以修身"的道理，强调"非宁静无以致远"，所以人应当先修清静之道。

这是诸葛亮多半生的修养之道的总结。他本人一生勤学好思，深谙佛老之学，亲身实践其中的修身之道。在不遇时，他能隐居于隆中，躬耕田野，自食其力，同时广泛阅读，韬光养晦，在寂寞而充实的宁静中苦修，最终迎来刘备的"三顾茅庐"，一展身手，功成名就。

古人把静修作为立德之本，然后再安身立命。

在清静中，人回归真我，认清自我，完善自我。曾子说："吾日三省吾身。"是讲君子注重"慎独"其身，每天都一个人静下来，反观内心，排除世俗干扰，以认清自己，明白自己需要什么，怎么做。只有时常反省自己，才能培养定力，获得智慧。同时，在静心中修养道德，丰富内心，坚守自己的精神家园，培养独立高尚的人格，保持思想和精神的自由独立。修好身，然后才能齐家治国平天下。

在静修中反省，内视、反观自己，最好达到物我两忘的境界。儒家讲"明心见性"，"内圣外王"，清净心灵，恢复本性，认识人性和自我，"存天理，减人欲"；佛家讲"戒定慧"，先"戒除"浮躁，让心灵恢复清静，在清静中产生定力，在定力中达到般若智慧；道家讲"道法自然"，抱朴归一，物我两忘，返璞归真，天人合一，达到真我、无我之境。三者虽然修养方式不同，但殊途同归，都是在静修中修养完善自我，净化心灵，超脱物外，丰富内心，提升智慧。

回归清静，首先就要战胜自己，摆脱外在的一切牵绊，摆脱内在的困惑，在安静中重建自己的内心世界，从而安顿好心灵，独立并解放出自己的同时，坚定自己，强化内在的力量。在宁静中，让心灵从不自由达到自由的境界，以不变应万变，来面对纷扰的世界。古代很多高人隐士，"无为而无所不为"，达到"运筹帷幄，决胜千里之外"，都是静修的作用。

当下社会，人们为了梦想和生存，哪有片刻清闲？没清闲，难清静；没清静，心浮躁难安，于是就生出万千的烦恼。工作不顺心，生存有压力，梦想难圆，幸福难追，感情不稳定，没有安全感和归宿感，自然浮躁不安，睡眠困难，心理问题多多。与以前相比，今天的我们物质上是丰富了，但精神上却贫瘠空虚了。成天行色匆匆，到底为了什么？——我们每天像被风赶着的风车一样，不停地旋转，却不知要奔向何方？……

空虚、无聊、寂寞，内心荒凉，甚至是抓狂；脚步停不下来，心也静不下来，找不到自己的精神家园。为什么会这样呢？都是因为缺乏内在修养，找不到自己所致。不能安静下来，不做内在思考，光是每天匆匆忙碌，当然会人为物役，迷失自我。

我们为自己的梦想和欲望而奔波，也不得不被"逼迫"性地奋斗，为了生存。现实和社会就是这样，个人无法改变，但我们可以改变自己——调整好自己，"反求诸己"，加强静修，守好自己的精神家园，才能不迷失自己，以不变应万变，不随波逐流，做一个独立而丰富的自己。

年少时，我们轻狂，目空一切；年过三十后，多些经历，就会感到自己的无知、个人的渺小，社会的水很深，人外有人，心中开始有敬畏，谦虚谦卑、低调收敛；年届四十，有了正反两方面的人生经验和教训后，才开始真正成熟不惑，明白自己真正需要什么，以及人生的真谛，有意识地修养身心。因看开了很多事情，从此也更加从容恬淡，追求宁静自在的生活。

如果说富贵如烟云，那么，对于个人的生命来说，在有限的人生中，如何宁静自己，获得内心的丰富，显得更有意义。

那么，我们如何回归清静，让内心丰富有力呢？

◎人的本性，就是清静无为，只有静下来，才能回归天性，不失原有的明慧。

◎无论多忙，每天抽出一点时间，让自己静下来，反观自我，加强自我认识，自知之明，明白自己真正的需要，以及怎么去做。

◎养成慎独的习惯，每天在一个人时，静静地问自己：今天的得失成败是什么，如何完善自我。

◎不改初心，坚持人生梦想，坚守做人的节操和原则，保持思想和精神的自由和独立，不随波逐流，洁身自好，穷则独善其身，守好自己的精神家园。

◎少些欲望，看清功名利禄，淡泊明志，宁静修身，摆脱来自外界的诱惑和困扰，保持内心的宁静和定力，就不会失去明辨是非的聪慧。

◎明白外面世界的很多精彩不属于自己，自己所需要的也很少，所以，只争取自己想要的、属于自己的、自己能够得到的就已足够。

◎外在的世界很多你无能力改变，与其痛苦纠结，不如反求诸己，调整好自己的状态，以不变应万变。

◎与现实和外界保持必要的距离，排除一切不利的干扰和困惑，远离无谓的苦恼和痛苦，让心宁静、超然和自得，专心致志做自己的事情。

◎光明磊落，不做亏心事，问心无愧，心底干净坦然，自然得到清静的人生。

◎追求精神财富的充实，不做物质金钱的奴隶，有自己喜欢的事情做，自觉修养完善自己，自得其乐，乐在其中。

心静，才是真正的静。心静唯有自己到心中去找，别人帮不了你。

所谓"事上本无事，庸人自扰之"、"树欲静而风不止"，很多烦恼皆自找。说到底，外在的干扰不难排除，最难战胜的是内心的"心魔"。只要"心魔"解除，内心干净无染，那么外界纷扰不到他，自然清静、充实和愉悦。

4.惜福得福

因为欲望和虚荣，我们不停地向上追求，这山望着那山高，有了这个，想着那个；有了新的，丢了旧的；脚步停不下来，也顾不上整理一下眼前拥有的，享受一下当下的美好。

为什么不停下来回头望一望？或许，我们丢下的正是美好的东西。丢了，以后再难找回。

总是翘首以盼那看不到的未来，而对眼前的拥有视若无睹。为了未来的幸福，放弃今天的拥有。身在福中不知福。没有的，不属于自己的，总想得到；自己有的，却不珍惜，这是我们最大的毛病，说犯贱也不为过。

张爱玲与胡兰成的爱情故事，想必大家不陌生。当年，张爱玲在盛名之际嫁给了曾经有过婚姻的胡兰成。她把自己低到尘埃里，仰视着胡兰成，她爱得专情，脱离世俗，不问结果，义无反顾，如飞蛾扑火，甜蜜地嫁给了胡兰成。

能娶到张爱玲这样的才女和贵族后裔，胡兰成也感到三生有幸。他在结婚时许诺给张爱玲的话也很美，说："愿使岁月静好，现世安稳。"相信，这话也出自他的真诚。

两个人虽然年龄相差14岁，但他们甜蜜地结合了。胡兰成给了张爱玲名分和归宿，张爱玲也爱得更加痴情投入。

但新婚不久，胡兰成花心不改，又移情别恋，喜欢上了一个17岁的护士周训德。张爱玲知道了，心中虽然在流泪，但还是原谅了丈夫。但胡兰成不知感激妻子，反而变本加厉，后来又在离乱中和寡妇范秀美同居了。张爱玲却一无所知，她还不断地给胡兰成寄钱，写信嘘寒问暖。直到她亲自跑到乡下，发现了他们的恋情后，张爱玲还是对丈夫心怀慈悲的。

但胡兰成呢？不仅不以为耻，还把他与周训德和范秀美的恋爱写成故事，与张爱玲探讨。还让擅长绘画的张爱玲给范秀美画像。就算再大度的人也难以忍受了。张爱玲最终感觉到再不能勉强爱下去了。人家已不再爱他，自己为何还要继续爱他？于是，她果断地给胡兰成写了分手信。但她继续在经济上接济逃难中的胡兰成，直到得知他安全了。

......

张爱玲是胡兰成最好的恋人和妻子，她的爱忠贞专一，她把爱全部给了他，甚至把自己的才华也在爱中耗干了。而胡兰成这个大才子、这个大花痴，不知珍惜，朝三暮四，在感情上不断背叛张爱玲，最终使她忍痛割爱了。

想来，胡兰成虽是天生情种，但毕竟是懂得真爱的。想必，他也是后悔的，后悔自己当初的不珍惜，以致失去了张爱玲这么好的一个女子。

胡兰成到日本后，又和上海大流氓吴四宝的遗孀佘爱珍好了。

大概是良心有所发现，他曾托人到香港看望张爱玲，未遇，那人留下了胡兰成在日本的地址。半年后，胡兰成收到一张张爱玲寄来的明信片，向他要《战难和亦不易》、《文明与传统》等书的资料，并附有张爱玲在美国的地址。

胡兰成大喜，以为旧情可复，马上回信，并附上新书与近照。后来又寄去他的《今生今世》上卷，写了一封长信，极尽缠绵忆念之情。但张爱玲好久没反应，最后回信说：

"我实在无法找到你的旧著作参考，所以冒失地向你借，如果使你误会，我是真的觉得抱歉。"

胡兰成明白，任凭怎么挽回，也不可能回到从前了。

张爱玲说："都说从此天涯陌路，什么是天涯？转身，背向你，此刻已是天涯。"张爱玲一个转身，把胡兰成彻底拒绝。天涯陌路，两两相忘。

一段才子佳人的美好爱情，就此结束。

倘若胡兰成当初改了自己的花心，珍惜张爱玲，结果必然不会有后来的后悔。想必，辜负张爱玲，是他一生永远无法弥补的遗憾吧。

世上的事，如电光石火，转瞬即逝。尤其是美好的时光，更加短暂，如果我们不珍惜，它就会从我们的指尖溜走，一去不回。

惜福的人，不仅认真地享用当下的拥有，不使之浪费掉，更懂得把自己的福气与人分享。人常说："有十分的福气，只享受三分就够了。"不珍惜，不分享福气，就是浪费，会遭到天谴。

近代高僧弘一大师，从小就懂得"惜福"。小时候，他家里大厅抱柱上的对联写着："惜食，惜衣，非为惜才，缘惜福。"母亲也常教导他要爱惜衣食物品，否则会损失福报。因此，他从小养成爱惜东西、知福惜福的生活习惯。

出家后，他更节俭。他的学生刘质平回忆说，他用的蚊帐有二百多个破洞，有的是用布补的，有的是用纸糊的。刘质平要给大师换个新的，遭到弘一大师的拒绝。后来，蚊帐实在没法用了，才另外又买了新的。

无独有偶，近代净土宗的高僧印光大师，也是惜福的模范。有人给他送来一些白木耳，他自己不吃，就送给了别人。他说："我的福气很薄，不堪消受这么好的东西。"

事物间都是相辅相成、互相转化的，"种瓜得瓜"，善恶皆有报。所以，做人要懂得珍惜，不能浪费福分。

正因事物间有因果关系，所以做人不能只看眼前利益和得失，而应该顾及前因后果。只有珍惜并把握当下，才能获得美好的未来。

事实上，当你两眼巴巴望着前方的时候，眼下的路，却不知何时起断了，或者你迷路了，再难看到前方，更不必提到达前方——美梦还未醒，就被现实当头一棒，南柯一梦，然后才明白活在当下、珍惜所有、惜福知足的重要性。

当你不再好高骛远，而是活在当下，珍惜眼前，把握今天，脚踏实地，一步一个脚印时，不仅会取得扎扎实实的进步和成绩，而且能感受到生活的充实和快乐——因为你没有虚度，你珍惜每一个今天、此时此刻。

那么，我们该如何惜福呢？

◎看到自己眼下的所有，明白福分来之不易，懂得感恩，所以要惜福。

◎珍惜自己眼前拥有的福分，好好享用，不要浪费，不要错过。

◎不要跟别人比，每个人都有自己的福分，没可比性，也没用。多看自己的福分，否则，越过越感觉不如人，还会失去原有的福分。

◎活在当下，抓住今天，认真过好每一天，脚踏实地，一步一个脚印，这样才能越过越好，福气越积越多。

◎有梦想但不好高骛远，有想法但没有非分之想，努力追求但脚踏实地。这样，才能消除浮躁，一步步实现梦想。

◎不要抱怨自己福分浅，不要嫉恨别人福分多，无论贫富，都要感恩生活，坦然面对，努力创造自己的幸福生活。

◎培养节俭爱物的美德。爱惜自己的东西，不要随意丢弃，更不要浪费，能享富贵，也能苦中作乐。富不奢侈，穷不自弃。

◎行善之人福分多。善待自己的福分，有福不要自己专享，要能慷慨地与人分享，回馈社会，知恩图报。福分，自己享受三分就够了，否则就是自私、浪费。

　　惜福的人，心有敬畏，真诚生活，善良积德，心守正直，相信善有善报，行善终得福报。

5.生活中的修养

　　人要想立足社会，做成点事，光有能力不成，还需要有修养。修养体现着一个人的综合素质。

　　人有劣根性，所以要完善自己，修养自己。

　　古人以德为上，重修养。《礼记·大学》中说："自天子以至于庶人，壹是皆以修身为本。"修身是一个人必须做的功课。一个人从幼年开始，就要对其人品道德进行塑造，做到孝仁义礼智信，修好身，才能齐家治国平天下。

　　在现代社会，物欲横流，修养被视为没用的东西，被漠视、抛弃。一个向来重视道德轻视金钱、以安贫乐道为荣的国家，变成了如今全面商业化的社会，人们没了道德、信仰，没了操守和底线，无所不用其极，导致上层腐败，下层浮躁、跟风，整个社会人心惶惶，心灵空虚，这都是因为中断了传统道德的培养，不注重自我修养所致。长此以往，会出大问题的。

　　事实上，修养看似无形无力，但无处不在，无时不在起作用。修养少的人，综合素质不够，做人、做事的水准和格调必然上不去。做事就是做人，做好了人，才能做好事。而要想做好人，就必须要有修养；修养好了，才能更好地做人。一个缺少修养的人，纵使有才华，也有才无德，终难成大器。

　　修养的表现，不止表现在人们所说的彬彬有礼、与人为善，这些只是表面上的。真正的修养，体现在高洁的人品、丰富的知识、深刻的思想、不俗的品位、儒雅的气质、豁达的心态，既能孑然独立，亦能和光同尘。它是一个人内涵的自然外化，毫无矫情做作的成分。

　　有修养的人，能坦然面对人生，调整自己到最佳状态，消除人生烦恼，更好地做人、做事，更好地为人处世，享受到更多的幸福和快乐。

　　有修养的人，品德好，思想境界高，有情趣，有品位，气质佳，令人愉悦，让人信服，这样的人有一种无形而自在的权威，往往成为众望所归的人物。这样的人，怎么会没有机会发展？所以，最终成就一个人的是修养。

　　一切有形皆身外之物，终归泡影。唯有留驻心里的东西，才是自己真实的存在。

　　修养不是无用、无力的。相反，它是品质和素质，是内涵和胸怀，是品味和格调，是智慧和力量，它给人独特的魅力。

　　生命的不朽，不在于成就了什么，而在于思想的高度和价值。修养体现人的高度。

那么，我们从哪些方面加强修养呢？

　　◎有修养的意识，明白自己不完善，所以有必要修养自己。

　　◎不是看几本哲学书就有修养了，而是要在生活中自觉磨砺自己的意志，向生活学习，感悟人生，不断提高完善自己，提高思想境界，提高品位层次。修养不是一蹴而就的，修养是积累后沉淀升华出的思想。人生的过程，就是修养的过程。人生阅历深，内涵深，修养才深。

◎多阅读。知识是人类思想智慧的结晶，知识丰富了，才能更深刻地认识现实世界，提高修养的水平。腹有诗书气自华，多读书才能品位不俗。

◎有静气。静可致远，可养身。"非静无以成学"，无论做人、做事、做学问，还是修身养性，都需要静。守静，才能心态平和，正气存内，身心健康；守静，才能感受到内心的呼唤和力量，摆脱浮躁，排除外在和内在的干扰，做回自己。

◎善于排遣压力，调节好自我。找到适合自己的排遣和宣泄的出口，有良好的自我平衡之道，把自己调整到最佳状态。不骄不躁，谦卑自守，意气平和。

◎培养忍辱的功夫。人生不如意事十有八九，要学会宽容他人，解放自己。能忍受非凡之痛苦和煎熬，才能超越平凡。

◎有自己的节奏和生活方式，善于自遣和自娱自乐。享受慢生活，艺术地生活，有自己的爱好、情趣、格调，自得其乐，乐在其中。

◎淡泊心。既积极进取又能看透名利富贵。能欣赏繁华，也能忍受萧条；能吃苦也能享受人生。无论穷通，都能达观处世，坦然面对，不迷失自我。效仿古人之"穷则独善其身，达则兼济天下"。明白一切皆在变化中，没有永远，花开会有落，物极必反；繁华易逝，转眼成空。人生短暂，生命中最重要的不是名利富贵，而是有自己的小天地，有想做的事，有喜欢的人，拥有内心的宁静、充实、幸福和快乐。

◎坚守自我节操和原则。永不降低自我生活的格调，保持思想自由，精神独立，面对纷扰的世界，有自己的姿态和风格，不孤芳自赏，也不随波逐流，做简单纯粹又独立的自己。

◎抓住今天，不蹉跎岁月。人生短暂，花开花落，韶华易逝，逝水东流，时光一去不复返，所以一定要惜时。我们应追求不止，"不舍昼夜"，在有限的生命中，最大化地利用时间，做自己喜欢的事情，做好它，释放自己，并光照他人。

◎修养是能真正落实到实践中的，满口仁义道德但知行不合一的人，是伪道士，没有真修养。

一个积极向上的人，他奋斗的过程，就是修养的过程。他的修养贯穿一生，与他的自强不息一样，是他一生都在做的功课。

第七章

快乐"心"无忧

1.乐天知命

《周易·系辞》中说："乐天知命，故不忧。"顺应天道，听从上天的安排，不必有什么忧愁。

乐天，就是认识到自己只是宇宙的一分子，要欣然服从它的命令，顺应天道，听从上天的安排。

知命，就是认识到自身的无奈、无能为力，有永远不可能超越的局限，所以不必做无谓、无益的努力，也不必有不必要的担忧，顺其自然最聪明。

宇宙浩瀚，个人如沧海一粟，何苦渺小！人与其他万物一样，有生老病死，有兴衰荣枯，生命是有限的。这是自然规律，人只能遵从。虽然人的能量巨大，潜力无边，但毕竟有很多自身无法超越的局限，所以只有"认命"。

乐天知命，体现了先人对自然和生命的敬畏，表现出一种智慧的人生观。

传统文化中强调人与自然的和谐生存，追求天地人和谐共存的天人合一思想。老子的"无为而无所不为"思想，道家的"道法自然"，儒家的"存天理，减人欲"，佛家对"极乐"的"天堂"

的追求，都体现着对天道和自然法则宗教般的敬畏之心，这是一种"乐天"精神。传统精神中的安分守己、知止知足、知足常乐等思想，正是对自己和人生的正确认识，因为有此自知之明，所以不狂妄，不妄求，不苛求，不我执，不敢有非分之想，不勉强自己做不可为、不能为之事，这就是一种"知命"思想。

古人就是认识到天、地、人中"大道"的存在，明白违背不得，只有敬畏，只有顺从，顺道而行，"乐天知命"，随遇而安，安分守己，这样才能做到安身立命。如果没认识到这个"道"的存在，一意孤行，就是奋力争取，也是没用的。这个"道"，其实就是我们今天所说的事物发展的规律。规律只有掌握，不能改变，所以人最明智的行为就是顺道而行，审时度势，待时而动，才能抓住发展的最好时机，一举成功。

"乐天知命故无忧"，体现了古人面对人生的豁达和智慧。有此认识，人生无论穷通成败，都能坦然面对，把它作为人生的必然经历，所以能做到"无忧"。无论贫富，都能把握自己，能吃苦也能享受人生。古人就是如此平衡自己的理想和现实、外在与内心，很是高明。

今天，人类的物质文明大大发展，但对自然和生命的探索远未结束。在浩大的宇宙面前，人类依然要仰视膜拜。纵使人类已经登上太空，又怎么敢说人定胜天？那不过是人类不自量力、狂妄自大的梦。几十年前我们狂妄自大，叫嚣着人定胜天，结果闹出多少人间悲剧？如今，我们又一味发展经济，追逐物利，贪心不足，无视天道，为了所谓的经济发展，对大自然无情蹂躏，结果造成生态恶化、资源短缺、贫富分化、人心惶惶……为了追求明天的美好生活，却生活在今天的重重雾霾中。难道，这就是我们想要的生活吗？长此以往，我们必然会咎由自取，自食其果，为此付出更沉重的代价。

我们是大自然的孩子，永远不能与大自然较量，只能顺应自然之道，顺其自然地发展，这才是高明的生存之道。如果背道而驰，结果只能是自取灭亡。

天下万物皆有所属，上天自有安排，所以我们不必瞎操心，只有顺道而行，自自然然地努力，才能获得自身的真正提高，获得水到渠成的成功。

顺其自然的道理都明白，但现实中，少有人能做到。因为追求和欲望，我们总是激情满怀、斗志昂扬地向前，志在必得，不达目的誓不罢休，我们都自觉不自觉地走在这条路上……有几人清醒，几人明白？

为了梦想和生存，为了功名和荣华富贵，我们在欲望和社会的"逼迫"下，急功近利，脚步匆匆，劳心劳力。这山望着那山高，没有的想得到，得到了还嫌少。七情六欲不绝，喜怒哀乐愁不断，患得患失；浮躁不安，烦恼如重山，纠结不清，割不断，理还乱……如此活到尽头，究竟是圆满欢喜，还是得不偿失？唯有自知。人生的种种滋味，若不是尝遍，若非经历一些人生的起落，断不会明白人生的真谛和顺其自然的道理。

对理想的追求和奋斗，当然要有，只是不要急功近利；自信当然要有，只是要有自知之明，不要狂妄自大、妄求、妄为；坚持不懈的努力当然要有，只是不要偏执、固执、强求强为；个人的主观能动性当然要有，挑战、超越的心、当然要有，只是要顺应大道，认清规律，不背道而驰。只要扎实努力，按部就班，自然会有水到渠成的成功。上天给自己安排的，早有注定；属于自己的，谁也夺不走。而不属于自己的，又何必强求？从容不迫地做自己的事情，就是乐天知命了。

而贤人、智者，能洞见自然和人生，深解自然之道，看透名利，做到淡泊、寡欲，所以顺道而行，只做自己可为之事，抓住属于自己的机会，创造属于自己的成功，而绝不会自大妄为，背道而驰。"达则兼济天下，穷则独善其身"，乐天知命，从容豁达，在人生的种种烦扰和苦境中，做到自由而快乐地呼吸。

其实，只要你顺道而行，掌握了事物的发展规律，不逾规，很多事情，自然会水到渠成地取得成功。而过程中的辛苦、曲折、失败、痛苦，甚至祸患，包括一些徒劳无功或功败垂成，以及无奈和遗憾，都是不可免的、必须承受的生命之重。人生就是这样，苦乐相依，喜忧参半，福祸相倚，苦尽甘来。明白这些，一切痛苦都可以忍受，一切快乐都可以期待。

人生如一条河，流淌不停，变化不断。在人生的每个阶段追求不同，体验和收获也不同，但成长和成熟是不自觉中的必然结果。人生如爬山，只要你肯攀登，步步向上，所到之处各有风景，上一层，高一层境界。聪明人随着每一步风景的变化而变化，随遇而安，乐天知命，就不会在攀登中摔大的跟头，有大的波折。

乐天知命需要从以下几方面做起：

◎深刻认识天、地、人，明白宇宙之大，个人之小，要敬畏上天，敬畏生命，敬畏造物主，要与自然和谐发展，顺道而行，天人合一，绝不背道而驰。

◎明白天下万物皆有所属，上天自有安排，很多事情不必杞人忧天，顺其自然地做人、做事，脚踏实地，安分守己，随遇而安，才能水到渠成地成功。

◎积极进取但不狂妄自大，坚持但不固执、强求，善于洞察事物的发展规律，不做无谓、无益的努力。

◎正确认识自己，有自知之明。自信但不狂妄，明白自己有无能为力之处，所以要有所不为，这样才能做到古人说的"无所不为"，最大限度地释放个人能量，实现自我价值。

◎能做什么就做什么，不没事找事，不庸人自扰，不自作自受，给自己徒加不必要的压力。

◎无论成败得失，不会患得患失；无论顺逆穷通、幸与不幸，都能坦然面对，随遇而安，把它作为人生不可避免的经历，勇敢、乐观地对待，积极地应对。

◎人生不能没有努力，但只有顺道而行、抓住机会的坚持和努力才可能成功，而勉强的努力就可能徒劳无功，所以不要说"志在必得"，不要说"一定"，没有"一定"，"可能"倒有很多，"谋事在人，成事在天"。对此，要有最坏的心理准备。

◎很多时候，确实存在着时运和偶然的因素，很多事情，不以个人意志为转移，因此，人生中也有很多无奈和遗憾。对此，要有心理准备。

◎尊重个人天性，扬长避短，有所为，有所不为，会努力争取也会勇于放弃，能担当也会减负，拿得起放得下，能断舍离。坚持难，放弃更难，但只有放弃，才能超越自我，刷新生活，重新上路。

◎明白有些东西不属于自己，凡事努力但不强求，不追求不属于自己的东西。俗话说，"命里有的终须有，命里无的莫强求"，天命时运的确有。得机遇时，努力抓住；不得遇时，安于本分，养精蓄锐，绝不逞强。不与人比较，不嫉妒别人，专注于自己的小生活，安享自己的小幸福。

◎脚踏实地，尽职尽责，尽心尽力，只要问心无愧，于己、于人无愧，就可心安理得；专心致志，只管努力，不问收获，自然会有所获；随遇而安，不耿耿于得失，不汲汲于名利，豁达乐观，自然快乐多，烦恼少。

乐天知命，不是叫人消极认命、守株待兔、安于现状、不思进取、苟且而活，而是让人正确认识自然、人生和自我，顺自然，顺天命，顺天性，顺时运，与天地人和谐同在，顺其自然、从容不迫、脚踏实地地做人、做事，才能扎实进步，最终获得水到渠成的成功。

2.法天效地

老子在《道德经》说："人法地，地法天，天法道，道法自然。"意思是人要向天地学习，看天地之广大包容，人也会变得心胸宽广，心情愉悦。

天地广阔无私，宽厚为怀，包藏万物，给人以豁达自由和深厚莫测之感。古人早看到天地的这种广大无私，意识到人应效法天地。《易经》上说：“天行健，君子自强不息；地势坤，君子厚德载物。”古人的很多智慧，皆源于对天地的观察，领受天地之启示而成。

法天效地，是我国先人对天地万物观察后的伟大发现，由此产生的朴素的辩证思想广泛渗透于传统文化中，成为中华民族精神的重要内涵。法天效地的思想形象而深刻，宏大而模糊，成为中国特有的哲学和智慧。在《易经》《道德经》《论语》等古代名著中，都有法天效地的思想，如无相生、变幻无穷、圆行不止的太极图；阴阳五行的相生相克，无为而无所不为的思想，等等，都是先人法天效地的智慧成果，它们很早就渗透在中国人的思想中，代代相传，至今不衰。

古人说，“海纳百川，有容乃大”，看到江海，受到启发，胸怀博大，虚怀若谷。这样，才能如江海一样无所不包，从而成其大。这里的“容”，就是包容、包纳、宽容、悦纳，如果能做到，就会有不凡的见识和胸怀，做大人，立大志，成大事。

一个法天效地、心向自然的人，他乐山乐水，与自然为伍，淡泊寡欲，乐观豁达。他的心里连天地都装得下，更何况是人呢？这样的人，内心有着强大的张力和韧性，能坦然面对人生，能应对各种问题，所以他活得自由快乐。

古代先哲庄子，就是一个心有天地、以天地为心、看破生死、心有八极、超越人生苦痛和生死的人。

庄子乐观地看待生死。他妻子死了，他看上去并不难过，别人不解，他却说人死如归，死是生命走到尽头，回归大自然，这很正常，有什么好哭的呢？他很看得开，所以不难过。

庄子道法自然，旷然不羁，不为世俗名利所束缚。有人请他去做官，他拒绝，宁愿逍遥于山林，做一个散淡快乐之人。他追求人品的高洁不污，修得清风潇洒之姿，是千古第一自由人。

一个人的胸怀和气度很重要。纵观历来的圣贤伟人，无不胸怀博大，宽容为怀。他们俯仰天地，气度如虹，器量非凡，所以能成就伟业。而那些斤斤计较、患得患失、心胸狭隘的人，往往是鼠目寸光，只看见眼前利益，所以只能成为庸碌之辈。

如果我们自觉地效法天地，自然会胸怀高远，宽大为怀，不会斤斤于小私利和小恩怨，不会因小失大，而是眼光高远，顾全大局，把主要精力放在自己最该做的事情上。因为度量大，能包容，所以能得人心；能得人心，往往成为领导或中心人物，这样，他的事业会得道多助，更容易成功。

现代人压力大，每天忙忙碌碌地穿梭在钢筋水泥中间，为了生存和梦想，很少有时间仰望天空，俯视大地，对季节也失去了敏感。总是春花快开败了，才明白春天要结束了；下雪了，才知道冬天已经到来。

有两年，我就是这么过的。每天让梦想催着，风风火火的。每天坐在电脑前工作至少七八个小时。我喜欢旅游，想去海边，但一直因为忙碌未能成行。我以前周末经常去爬山或郊游，现在也因为忙碌很少再去。我成天不是在单位，就是在家里，忙工作，忙生活。甚至，我有时好几天足不出户，也没下楼呼吸一下新鲜空气……

结果，我发现，我的压力并没减少，心情更加烦躁，而且身心疲惫，体重增加，身材变形；肩颈疼痛，得了颈椎病；每天头昏脑涨，睡眠不好，影响到我的工作。去看大夫，果然说颈椎有了毛病，压迫到头部供血不足；神经衰弱，所以头晕；思虑太多，脾气两虚。健康受到威胁，我于是买来各种保健品，到健身房找健康。但结果呢，效果并不好。直到有一天，给我按摩的师傅对我说："你的毛病只是刚刚开始，但如果不注意就会演变成大病。不必吃那么多保健品，也不必到健身房。你只需适当地多走走，多做有氧运动。到大自然中去，身体自然就会好起来。"

于是，我又恢复了以前的生活：早起出来走走，看看天空，欣赏一下小区的花草；晚上拉老公出来散步，寻找一下星星；周末去公园、近郊玩玩，感受一下大自然的气息。春天时，我专门抽出一个月时间，到江南走走，看花红柳绿、小桥流水、细雨柳烟，心情大好，回来工作时精神百倍。我每天在窗前静坐十几分钟，努力平静自己，静听内心的声音，感受天地之精华，让自己的精气神恢复，效果很好。

不久，我的头晕病好了，身体也日益恢复到从前。

大自然是我们的母亲，我们需要时常回到她的怀抱，吸收天地之精华灵气，才能恢复自己的精气神，不失自我，也不至于被社会污染得千疮百孔，伤痕累累。美国自然主义作家梭罗，他十分反感现代生活的浮躁和不接地气，为了找回生命的自由和快乐，他只身到原始山林和瓦尔登湖边生活，以证明简单知足的生活对现代人的意义。虽然我们不能实现那样的生活，但时常回归大自然，俯仰天地，简单知足，的确是治疗现代人城市病的需要。

那么，如何法天效地？

◎认识到大自然是我们的母亲，我们要时常回到她的怀抱，感受她的关爱，感受生命和人生的真谛。

◎法天地之广大无私，可培养自己高尚的道德、宽广的胸怀、谦虚的品德、包容的气度，放松心情，消愁解闷；天地之静默无声，可让我们恢复宁静，回到初心，听到自己内心的呼唤，增长智慧。

◎适当回归大自然，感受天地之灵气，感受天人合一之境界，回归自我，不让社会把自己污染得面目全非，身心疲倦，伤痕累累。

◎累了，伤了，到海边走走，沐沐海风，看看夕阳；到山上走走，听听鸟叫，看看花开。你会感到自己的渺小、生命的可贵、人间恩怨的微不足道。一切都可一笑了之。

◎即便走不出去，那么也时常看看天，开开窗，看看路边的树木花草，不因忙碌失去对季节的感受力。最差也要养几盆花，或者两尾鱼，每天留点时间与它们交流。

◎不能在清静的山水间静坐，那么就经常在窗前静坐几分钟吧，排除一切俗世的干扰，平静内心，感受自我的存在、内心的呼唤，静听周围万物的声音，排忧养神，放松减压，恢复精气神。

天地广大深邃，里面有太多值得我们学习领受的东西，我们只有法天效地，才能消除社会生活的疲惫和污染，回归自我，找到自己真正的需要，找回自由快乐的人生。

3.笑对人生

　　佛教中的菩萨，手持一枝莲花，拈花一笑，笑对众生。这形象给人以慈悲之感，也令人轻松愉悦。于是，世人迷恋这个微笑，在菩萨面前臣服了。

　　古人讲究笑不露齿，以示庄重，尤其是女人。而大同华严寺有一尊著名的合掌露齿女菩萨，却颠覆了所有菩萨的形象：居然露出了牙齿！但她的神情专注虔诚，体态端庄典雅，给人强烈的美感。这尊参见了世俗力量的女菩萨，以其强烈的人性美，吸引着国内外的崇拜者，对她百般端详。每年正月初八，当地人和慕名而来的外地香客都会簇拥着前来向她烧香跪拜，而她始终那么亲切地微笑着，普度众生……

　　菩萨的微笑，给人以安慰和力量，而这正反映了世俗中人们的渴望：希望人生美满幸福，笑口常开；面对人生恩怨和苦难，希望一笑泯恩仇，一笑解百忧。微笑，自然、安详、淡定，如沐春风，令人愉悦，给人以温暖和力量。

　　每个人都会笑，都想笑，都想笑口常开，都想像佛菩萨那样，永远自然地笑着，没有烦恼。自己快乐，也愉悦他人。

但人生多艰，常使人笑不起来。加上社会的因素，笑对人生显得更难。但人生的苦难是没法回避的，唯有坚强面对的人，才能坦然面对不幸，活出自己的快乐。

小时候，我家有个邻居，是我父亲的朋友，父亲叫他"吕老师"，他早年曾留学海外，在我们那个国营军工厂做俄文翻译。父亲说，他在"反右"和"文革"中受到整治批判，一直未娶，一个人生活。

印象中，他五十多岁，头顶光秃秃的，衣衫不整，歪戴着帽子，趿拉着鞋子。他十几平米的小屋也是脏乱不堪：被褥不整，碗筷不洗，鞋袜散落在地，墙脚罐头瓶里装着他的尿液。但一个大书桌上，却整齐码放着中外文书籍……

他的嘴里总叼着支大烟斗，笑嘻嘻的，经常自言自语。无论对谁，他都是笑着，人们说他受了刺激。他的俏皮话很多，带点讽刺，比如，厂里每年"七一"都会在俱乐部门前的广场上举办大合唱，歌唱祖国，他总会在一边跟着唱："旺旺旺……"那疯癫又可爱的样子，把大家逗得大笑。

大概因为我父母不会像别人那样嫌厌他，他经常来我家串门。他也很喜欢我，经常说："这小家伙，很可爱……"一连说个不停。路上远远看到我，他就会笑着叫起来："二姑娘，二姑娘。"我很嫌弃他的脏和神经兮兮，总是对着他说："你好脏，臭死了！"他只是朝我笑："小调皮！"他经常对我父母说："再穷，不能穷了孩子们的教育。"我上初中要学英语了，他拿给我一本书，叫《英语每日一名言》。

听父亲说，他出身于"资产阶级"家庭，"文革"时曾被装在麻袋里，吊起来打。不让他看外文书，他就夜里偷着看。我听他经常对我父亲说："他们夺了我的家产，却夺不了我的知识。知识，就在我这脑袋里。嘻嘻，嘻嘻……"他边说边笑着，用指头敲着自己的脑壳。

一次，他又拖着脏鞋子来了。那时我已经上了高中，人大了，心也势利了，我甚至感觉父母跟这样穷困潦倒的"神经病"打交道实在丢人。他刚要进我家大门，又嘻嘻笑着，指着我大声说："二姑娘，长高了！"我踩也不踩他一眼，没好气地关上了大门，把他拒之门外，他在门外还嘻嘻笑着，高声叫："二姑娘，开门，开门，嘻嘻，我走了哈，嘻嘻，我走了……"声音越来越远。

事后，父母严肃批评了我，我还顶嘴说："他这样的人，一身晦气，别人都躲着，我们家也不要欢迎才好！否则我们也会沾了霉气！"

后来，他再没有来我家。再后来，听父亲说他退休了，回到东北老家，去养老了……

每当回想起这些，我都为自己当初的势利而自责。今天想来，吕伯伯并非精神不正常，他只是以自己特有的方式保护自己，笑对人生，也以这种方式揶揄着那个曾伤害他的社会。他遭受过政治迫害，但依然保持着知识分子的骨气，笑对世人的冷眼，笑对人生。他不妥协于恶势力，而对一个小姑娘，却充满热情和关爱，即使面对我的骄横无理，也是笑容满面。

时代不同了，那种屈辱的人生不会再有，但每一代人都有每一代人的不幸。今天的时代，物质丰富，选择多元，按说是幸福的，更该笑对人生了，但曾几何时，人们笑不起来。

高压力的工作，快节奏的生活，激烈的竞争，势利的人情，道德和信任的危机，拥挤的公交、地铁，穿梭在钢筋水泥中的密密麻麻的人们……所有这些，让很多人充满压力、焦虑、紧张、不安，怎么笑得起来？

在城市拥挤的人流中，在人与人之间的紧张和竞争关系中，我们已很难看到温暖的笑脸了。现代人的笑神经似乎麻木了，所以，我们看到的是千篇一律的僵硬、木然、冷漠、紧张、郁闷……如钢筋水泥一样，我们都面如土色，成了机器人，失去了微笑的能力。对别人真诚地笑笑，成了难事；开怀大笑，一解忧愁，对那种温暖而幸福的笑的向往，成了奢望。太忙，没时间笑；有太多烦心事，没心情笑。

本来，笑是人与生俱来的本能，但现代人却要去找回来，学着去笑，去修炼，提醒自己：要笑对人生。

其实，我们的内心真的冷漠了吗？不需要笑的慰藉了吗？也不想对人友好，给人以温暖的笑了吗？当然不是，但何时起，是什么让我们疏远了笑？我们不得而知。好像是在一种逼迫中，我们身不由己地变得冷漠。作为社会，这种冷漠的出现是病态的；作为个人，这种冷漠的出现是悲哀的。可在忙碌的背后，在寂静的午夜，你的内心却在孤独地呻吟，呼唤着温暖的慰藉，呼唤着人性的真善美、爱与暖。

在社会大环境中，冷漠如同瘟疫，它传染、扩大为一种全民的麻木和冷漠。这是十分可怕的。卡夫卡的小说所表现的现代人的荒诞，以及自相矛盾的悖论，就反映了这种传染性的冷漠瘟疫。笑，被淹没在了冷漠中，冷漠日益侵蚀着人们发自内心的笑，让笑神经麻木了，在现代人的脸上很难看到它的真面目。我们平时看到的笑，都是职业化的、习惯性的、应酬性的笑，充满了矫情和伪饰，

214

不可捉摸，给人的不是温暖，而是一种可怕的面具感。

在这样的气氛中，如果间或能看到一个温暖的笑，我们会怦然心动，有种久违的亲切感。因为真正温暖的笑如微风扑面，是最能感动和温暖人心的。因为难得到真诚的笑，所以，我们更愿意到孩子身上寻找，甚至是从傻子身上去找。你看电视上，为什么宝宝的节目或者是装疯卖傻、哗众取宠的节目深得人心，就因它们能给人短暂的心理慰藉。孩子们纯真的笑，傻子们无邪的笑，都是没有心机和城府的，让我们忙碌后疲惫的身心得到片刻休息。

佛家认为，我们都活在一种被逼迫中。的确如此，如果不是这样，我们的天性怎么会离我们越来越远？我们的真诚怎会不得不深深地掩藏？笑怎么会变得这么难？社会总是充满竞争和势利眼的，作为个人，总有身不由己、难以自主的随波逐流感。

社会是无法改变的，他人是不能左右的，人生的苦难是没法回避的，我们唯一的选择就是改变自己，适应社会，笑对人生。只有把自己调整好了，提高内在正能量，才有能力主宰自己的人生。

那么，我们如何做到笑对人生？

◎人生不如意事十有八九，明白人生中的挫折、苦难和不幸往往不可回避，要勇敢而从容接纳，自信而坦然面对，积极应对，笑对人生。无论成败得失，无论幸与不幸，无论顺逆贫富，都坦然面对。

◎明白社会和他人是无法改变的，所以要客观地正视社会和他人，适应社会但不失去自我，不要被社会同化、污染。

◎尽可能自由选择，做自己想做的事，做自己想做的人，过自己想要的生活。不必要求大富大贵，但一定要丰富、快乐，活出自己的精彩。

◎社会是充满竞争的，人心是险恶的，面对充满竞争的社会和复杂的人际关系，应对的方法就是：实力和智慧。有实力不会被淘汰，有智慧不会被算计。

◎注意修心，丰富内心，培养心境，保持丰富、宁静的内心，修炼达观、乐观的心境。

◎善待自己，保持身心健康；善待别人，与人为善。

◎每天清晨对着镜子，让肌肉放松，对自己微笑，把笑带上，走出家门，对人微笑，开始新的一天。

◎学会自我调整，放松减压；学会举重若轻，弹性生活；学会放弃，刷新生活；学着找回初心，找回快乐；学会理解，充满爱心，善待他人。

◎努力控制自己的负面情绪，及时找到排遣的出口（不要对人），保持正能量，保持笑容常挂脸上。

出家修行的人，讲究先修"喜相"，就是怀着一颗慈善心、悲悯心对人生、对他人。就让我们经常说"随喜"吧，然后微笑，让自己的笑化作一股暖流，传达向善的力量。

4.过去不留

孔子曾说，已经完成的事不要再说，已经做过的事不必劝谏，已经过去的事不再追究。

过去不留，是一种顺其自然的生活态度。让过去的过去，不必再想。我们需要学会做减法生活，这样才能越活越简单。人生本已经够苦够累，倘若还受过去的一些人和事的牵绊，眈眈其中，不能自拔，岂不是太累了？超了负荷，无法前行。

古人注重道德修养，在追求精神世界的丰富的同时，强调简单而活。比如，道家主张"自然无为"，儒家主张"存天理，减人欲"，佛家主张"随缘"，虽然说法不同，但都反映出一种顺其自然、辞旧迎新的生活态度。因为唯有这样，人生才可少些负担，多些轻松和快乐。

只要不失自我，保持思想、人格和精神的自由独立，在自我平衡中，做到以不变应万变，不拘泥于过去，就能把握当下，轻松地走向未来。

人生是一个长长的旅行，路很长，也很曲折，前方的风景在召唤着我们，往前走是必然的也是唯一的选择——昨天再美好、再想留恋也回不去，昨天的痛苦再大，也已经过去了。最好的姿态，就是怀着饱满的热情前行。

无论过去的喜与乐、苦与痛，都已然过去，按说应该放下了，但事实上，很多过去，还留在我们心里，挥之不去，眈眈于过去的回忆、留恋中，深陷在一种或甜或苦的思绪或情结中，不能自拔……

很多人，身在现在，心在过去。像昨夜的一场梦，天亮了还未醒来，叫他他不应，唤也唤不醒。或许，他宁愿活在回忆中，活在梦里，不愿醒来，不想看到今天，今天怎么样，似乎也与他无关，无所谓。

这样的人，也许过去的生活太美，美得让他迷醉，一醉不醒；也许过去的生活太痛，痛得刻骨铭心，深深地刺伤了他，至今他还在呻吟。无论哪种情况，他们共同的特点是：陷在过去的情结中不能自拔，忘记了今天的到来。

我想，一味活在过去的人，多半无所追求，自私自闭，不仅用情太深，而且意志太薄弱，所以才以懒洋洋的姿态对待生活。对自己不负责任，也让别人看着不舒服。

有些人总爱提起自己过去的痛苦，仿佛不这样，就不足以说明自己的优秀是经过怎样的千锤百炼而来的；好像不这样，就不足以引起别人的同情；好像不这样，就显得他没良心、忘本。而他总说，这是以痛苦进行自我激励，也是忆苦思甜，于是，逢人就一遍遍地絮叨，跟祥林嫂似的。

我曾有个朋友，幼年时经历了些苦难，成天跟人絮叨她童年的苦难岁月，说自己是多么命苦：从小母亲去世，父亲重男轻女，哥哥欺负她，老师也不喜欢她。小学没毕业，父亲让她辍学，在老师极力相劝下才勉强上到初中毕业。家里让她嫁人，她逃婚到了深圳。因为没学历，又不谙世事，受到很多欺凌，还被男同事骗到公园奸污……后来，她在网上爱上一个北京男人，到北京找他，不想人家有家室，差点又失身。她只好又在北京打工，从电话业务员到销售业务员，最后做到销售主管，每月拿到万元。

每说到此，她总是自豪地说，"苦难是人生最好的学校"，"我从来不敢忘记过去，就是让它激励我，为此，我写日记，见人就说，就是加深记忆"。

她的经历的确有些痛苦，也蛮励志的。她第一次跟我说起时，的确引起我的同情，也很佩服她的坚强。我相信任何人听到她的故事也会十分感动。但是，当她后来一遍遍提起自己的过去时，我就开始有些烦了。而且，我还见她不止一次向别人说起。在日记上写，在同事、朋友面前提，一次足够，反复提起，有什么必要呢？只会引起人的反感。难道她想以此博取别人的同情吗？但同情不是廉价的，应该是有尊严的。而她现在也算不上很成功，总这么提起过去，岂不是显得有点骄傲？我觉得，如果一个人把苦难藏起来，坚强而活，更让人尊敬。一个人还没足够强大，就不必贩卖自己的坚强。

像祥林嫂反复提起儿子毛毛被狼吃了一样，这个同事在不同场合，对不同人，反复提起曾经的苦难经历，最后也没有人同情她了，也不觉得她很励志、优秀了。

我以为，她既然已经走出了昨天的黑暗，就应该快乐地活在今天的光明里。一个有追求的人，不用拿过去的痛苦作为激励也会自觉努力。过去的所有痛苦和不快，应该让它们早早消失。至少，反复提起，刻意加深印象，只能增加自己的痛苦，不利于健康心理的建设，也不利于今天美好生活的开拓。

所有的刻意，都是不自然的，都不会是轻松的，其负作用也许更大。祥林嫂向人哭诉得到的那点小安慰，远不如她重复时的痛苦多。

总是絮叨说起，只能说明耿耿于怀，没有放下，不能释然，以此安慰自己，恰恰说明内心还没有走出痛苦，没有真正强大起来。与其这样，不如忘却，重新开始，岂不轻松快乐？

以前我也曾写日记，总怕自己以后会忘记，写下来，以备日后回忆。都说日记能帮忙记忆，还能帮助排遣，但事实上，我因为写日记，记忆力反而下降了；我的忧愁不仅没减少，反而因为在写作中重温而加重了。随着年龄增长，我看清、看开了很多世事，感觉自己没什么了不起，其他人也没什么了不起，当初觉得很应该铭记的快乐和忧愁，回头再看，已经云淡风轻——很多已经记不起，也不觉得重要了。

我们都有过去，都有历史，人不能忘本，有些过去，不能忘记。我们都从过去而来，今天是过去的延伸，没有过去，就没有今天。只有知道我们从何处来，才能更明白要到何处去。就这个意义上讲，过去是需要记住的。但是，不是所有的过去都必须铭记，铭记过去不是过好今天的必须。更何况，不是想记住就都能记住的，留不住的，始终会被岁月冲走，而沉淀下来的，往往是真正值得铭记的东西——它反而不需要特别提起，只是自然而然地就留下来，如大浪淘沙。

佛家主张万事随缘，安然而住，即随遇而安，顺其自然。人生无常，死生都寂寞，人生就是苦，就是空，所以丢掉欲念，不去妄想、妄求，面对莫测的人生，修持自己，坚守自我心灵的宁静，任缘来缘往，缘聚缘散，万事随缘，不去挂碍，不去强求，随遇而安。有这份心境，就不会有什么留恋。

这里的"随缘"和"安然"，不是消极、停滞，而是明知不可为，不能为，徒劳无果，所以不去做无谓的执着和妄求，缘来则住，缘去则往，安定内心，安分守己，脚踏实地，做自己该做也能够做的事情。

我们不妨从以下几方面做起，做到过去不留：

◎明白昨天已然过去，不可追，不必留，该留下的自然会留下，不必刻意回忆。生命中真正的喜与忧，自会接受岁月的淘洗，留在心里，不是人为可以留住或挥去的。

◎如果你有追求，自会努力，不必一定以过去的痛苦为激励，重温痛苦的回忆，会增加人生的心理负担和不快。

◎漫漫人生路，苦累已够多，一路走来，我们要善于做减法，善于剔除，勇于抛弃过去的负累，过去的让它过去，不再留恋，不再回忆，放下，释然。为了今天走得更好，需要放下过去的包袱，尤其是痛苦的包袱。

◎让人生自然而然地走，让一切经受岁月的淘洗。能留在心里的，才是真正值得并应该记住的，不必写日记，浪费精力和时间，更徒增烦恼，也不必反复向人提起，因为没人在乎你的感受。

◎积极地回忆过去，才是有意义的。比如，有时我们需要回望过去，在回忆和思考中总结经验和教训，或者反省自己，以利今天的前行。

◎不要提起过去的痛苦以博取别人的同情，也不要以过去的痛苦炫耀今天的成就，更不要活在过去的成绩里得意扬扬，不再进取。

◎关注当下，脚踏实地，活好今天才最现实，让生命在自然而然中积极前行，轻松快乐。

◎坦然看待过去，无论多大的快乐和忧愁，都当成人生的过客，过去的就过去吧。

◎我们主张过去不留，不是与过去隔断，更不是完全否定过去、忘记过去，忘记成功的经验和失败的教训，只是强调顺其自然，避免在回忆中虚度了今天。

◎过去无论成功还是失败，只能说明过去。而今天的生活需要我们全身心地经营，否则，就无法抵达美好的明天。

无论是苦是乐，能铭记在心的，必然是最深刻的，也是值得记住的。而那些记不住的，说明它们本不值得记住，它们就像云烟，随风而去，在心里不留一丝轨迹，很好。

人生的很多事情，如大浪淘沙，很多事情，不需要你刻意记忆，该留下来的，自然会留住。所以，对于过去，最好的态度就是：过去不留，任岁月的长河自然地流走。

5.活在当下

人的一生，短暂而匆忙。于是，有些人脚步匆匆，急功近利，为了名利和实现梦想，踮着脚尖，眼睛望着前方；有些人，感慨岁月匆匆，留恋曾经的美好，眈眈于昨日的回忆中，不能自拔……我们的眼睛，要么瞻望前方，要么回望来时路，而对脚下的路，少有留意；对眼前的风景，少有欣赏。

尤其现在，物欲横流，诱惑多多，人为物役，欲望膨胀，人们唯利是图，眼睛发热，盯着利益，很少顾及眼前的生活。只是，当得到所谓的名利富贵后，却发现远不如当初想象的美好，也不是自己真正的需要，于是感到得不偿失，甚至悔不当初。与其这样，不如抓住当下，快乐每一天，来得实际。

其实，昨天逝去已不可追，明天遥望而不可即，前瞻后顾，不是空想，就是回忆，对我们的人生有什么意义？很多时候，当下的时光，就在你不经意间，一闪而过，悄然溜走，今天成了昨天。唯有今天，是最值得珍惜、把握的。唯有抓住每一个当下、此刻，活在当下、此刻，才能以充实告慰昨天，以成长迎接明天。

活在当下，就是脚踏实地，而不是眼盯着前面脚却踩在空中。活在当下，因充实而快乐，因扎实而有力，更接近成功，更容易成就自己。

未来的成功，由一个个充实的当下延伸而成，如百川归海，水到渠成。当下用功，当下实践，当下成就。佛家的修行，比起念经，更重当下的实践功夫。随机说法，当下开悟，就是一例。

禅宗经常随机说法，并因人而异。

有位僧人对赵州禅师说："我初入禅林，请师父多多指点。"

赵州问他："你吃粥了吗？"

僧人回答："吃啦。"

赵州问："那么你洗碗去吧！"

　　僧人闻言有悟，是啊，佛就在吃喝拉撒睡这样的生活琐事中，平常心是道啊。师傅问我"吃粥了吗"，如同问我"你悟了吗"，我回答"吃了"，相当于"悟了"。吃过就要洗碗，悟过也要彻底放弃这悟。

　　洗碗就可，不必一定去念经，身体力行，心中有佛，就是修佛，不必再求教什么高深的佛法理论。有佛心，即是修佛，才是真修行，当下修行，立即成就。否则，就是把佛经背得滚瓜烂熟，也毫无益处。

　　可见，道不远人。真正的道，并不是高深莫测、遥不可及的，它从未走远，也不在物外，它就在生活中，就在当下、眼前，就在我们的心中，在自觉的行动中。

　　同理，真正的生活，不需要对昨天留恋、回忆，不需要对未来做无谓的空想，它不在自己的梦里，而在当下的生活中，就在自己的心里。

　　智者懂得活在当下，活一个过程。人生复杂，人心多欲，苦痛多；人心复杂，伤害多。但这一切的一切，面对简单的当下，算得了什么？又何必去多想？让一切顺其自然，最智慧的活法是：活在当下。

　　眼前的当下，是简单的。细心体验、感悟此刻的生活，这还不简单吗？你投入其中，心无旁骛，自然就少了很多羁绊和苦恼，不就拥有快乐了吗？所以，当下的生活，是此刻的生活、简单的生活；当下的生活，因为简单而充实，因为充实而快乐。

　　但现实中，我们的快乐，总依附于他人、外物：脑子好使的人，不让他计算他就找不到快乐；口才好的人，不让他说话他就不觉得快乐；贪求金钱的人，没有钱财收入他就感觉不到快乐……一旦没有得到，就没有快乐。所以，依赖于人的快乐，终归是让人失望的。别人不能依靠，也不能改变，能够把握的唯有自己。真正的快乐，不在别处，就在自己心里；不能向别人求，要自己找。怎么找？在自己的生活中找，活在当下，充实自己。

快乐源于简单，越简单才越快乐，复杂了就不会快乐。最简单的状态，是最自然的状态。很多事情其实很简单，是我们把它们复杂化了。人为的越多，越违背自然，走向事物发展规律的反面。因为没了简单，所以也失去了快乐。

越简单的越深刻。大道至简，但最接受真理。道家讲"抱朴归一"、"自然无为"，要求人回到初心，真元状态，那是最自然的状态，虚静无我，而恰恰是这种状态，最能升发人的能量和智慧。无论养生，还是做人、做事，都值得借鉴。

人生只有回归简单，才能回归快乐。人生减省一分，便超脱一分。减少交际，便免去外来的纷扰；减少言语，便少是非、怨尤；减少思虑，便不消耗精气神。相反，成天想着名利、贪心不足的人，必然会自我桎梏，人生苦恼无边。"多一事不如少一事"，智者向来顺其自然，绝不多事，增加麻烦。智者善于做减法，简化，舍得，放下，放弃，刷新，翻篇，重新开始，道理即在此。

明白这道理，就不会贪求无厌，不去多求，只追求自己能做的事情，追求属于自己的东西。不去好高骛远、不安现状，转而活在当下、此刻，关注、留意此刻的生命体验，专心致志于此刻的事情，安分守己，脚踏实地。这样，反而因为投入而容易开悟，提升智慧，获得成功；因为投入，不受干扰，少了烦恼，增了快乐。

其实，人生真正需要的，即便到了现代，也从未改变；我们真正需要的，也很有限，不必远求，就在我们当下的生活中。保持清醒，看淡名利，随遇而安，回到简单的当下，一粥一饭，也是生活，而且永不厌烦。

当下的生活最简单，滋味也平淡，但这正是生活的常态和真谛。只有不失这常态，才不失自我，拥有长远的快乐。

活在当下，就是回归简单，回归初心。你看小孩子，玩耍时多么投入，接受事物时多么快！就因为他有颗干净简单的心，专心于当下的事情。大人其实没有资格教育孩子，而应向孩子学习，找回童真，投入当下、此刻，这样才能做到简单、充实和快乐。

不妨从以下几方面活在简单的当下：

◎认识到昨天过去了，明天还未知，只有当下能把握。人生就是一个过程，所以专注于当下，才踏实、充实、快乐。

◎活在当下、此刻，关注于当下时空环境下的生活体验和感受，认真生活，细心体验，于简单中感悟生活的真谛。

◎活在当下，抓住此刻，脚踏实地，专心致志，才能取得一个个扎实的进步，从而更容易抵达成功的彼岸。

◎活在当下，就不会受到外界的干扰，减少很多来自外界的纠结和痛苦，生活因简单而快乐。

◎活在当下，就是不失自我，找回初心，像孩子那样专注，投入生活。

◎活在当下，抓住此刻，不虚度一分一秒；细心体验此刻的生活，留意、捕捉内心感受，用积极的意念引导自己，感受自我的存在。

◎从吃喝拉撒睡做起，培养专注于当下的习惯和能力：吃饭、喝水时细细体味；拉屎、撒尿时放松，让体内浊物顺畅排出；睡觉时放松身心，然后安然睡去。如果走神，就专注于身体的感知、内观，在自然的一呼一吸之间，用正念引导自己，放松，慢慢入静，入神，投入，入定。对外界的干扰听而不思，听而不想，利用正念提升内心的正能量。

◎主宰自我生活，不受外界左右，不随波逐流，保持内心的自由和独立，与外界保持一定距离，专注于自己喜欢做的事情，不失自我，就能更好地活在当下。

◎境由心造，培养内观的能力，排遣压力，倾听内心的声音，感知身体，用意念引导，给自己积极的心理暗示，从而升发心能、正念、正能量，恢复精气神，构建起自己的小宇宙。

专注于当下，绝不是无所追求、安于现状、不思进取，也不是苟且而活，而是顺应大道，顺其自然，回归简单，抓住当下，脚踏实地，扎实进步，水到渠成，自然守成。这是真正了解人生、掌握了规律和真理的智慧的活法。

活在当下，随遇而安，在自然状态下清静无为，有所为有所不为，让生命如流水一般，自然前行，得失无意，去留无心，从而活出真正的自由快乐。

第八章

重新认识人生

1.真懂得

　　说"知道"容易，说"理解"难，说"懂得"更难。试想，你没有站在那个角度，没有那个体验，怎么能说真懂得？所以，很多所谓的懂得，不过是揣测；很多道理，多是套话、空话，不过是隔靴搔痒，离实际很远，没有说服力。所以，没有经历，难说真懂得。

　　但人都自以为是，好发表意见，比如夸夸其谈，好为人师；好管闲事，表现自己，诋毁别人；喜欢搬弄是非，蜚短流长，品评是非……所有这些，都是自我膨胀、缺少自知的表现。因为不自知，不做换位思考，不善解人意，一味以一己之心度他人之腹，站在自己的立场主观臆断，想当然地说自己的话。

　　无论他说出的是否出于公心，但因为少经历、体验，不合实际，终会流于形式，没有实际价值。所以不懂还是少说，否则不仅没作用，也自毁形象。而他自己还以为很懂得，很接近真理呢，甚至，他自以为很有学问呢！其实，他说的很多话，不是出自实践和实际，只是书本上或别人那里"搬来"的，毫无价值。

　　有些人，看了一些书，喜欢到处卖弄，动辄说自己懂得。其实，知识和学问是两码事。有知识也许没学问，出口成章也许没才华，谈而论道未必有思想——因为他的所谓知识、思想，都不是自己的，都是拿来的，忽悠一般人罢了。

只有源于生活实践的思想，才能成就真学问；真学问不只是理论，还要有知行合一、身体力行的实践。只有学以致用的真理才是真学问。

没有生活和实践，光埋头书本，做案头工作，只能产生空想和想当然的空泛理论，不符合现实。

一直以来，我对知识分子心存敬畏。做记者时，我有意识地采访他们，后来我又到社科院，接触过一些。在我的印象中，他们应该和我从小看的一些书上的知识分子一样，既有丰富的学识，又有深厚的修养、高尚的人品，保持思想自由和精神独立，是人群中真正有学问的人。

但事实上，当我真正接触到他们时，我就失望了。为什么？他们不仅没有独立精神和自由的思想，也很少有真学问，有的是虚伪胆怯、势利趋风，而且他们的所谓学问，不过是些知识，只会掉书袋子。甚至一些名声在外的大学者也不过如此。

他们中有不少的确博学多闻，上知天文，下知地理，中知人事，说起来头头是道，海阔天空，天花乱坠；写起来洋洋洒洒，古今中外，引经据典，信手拈来。而且他们都自视很高，以天下为己任，要立不朽之言，做一代圣人的样子。初一接触，真让我佩服得五体投地。但是，等再深接触，我就发现，他们多半是光说不练，眼高手低，好高骛远，小事不乐意做，也做不好。比如一个专家，他到地方做文物调研，座谈会上说了一大堆，好像很了解情况，而实际上他说的与当下情况相差甚远。会后实地考察，他则只是走了一圈，然后就在当地同仁的陪同下吃喝玩乐了……

就这样的所谓专家，不了解实际，也不想了解，善于做表面工作，你能说他有真学问吗？

更有些专家，闭门造车，文章中显现其知识丰富，信息量大，文辞也华美，让人叹服，但仔细一查，都是"拿来"的、人家的，没一处是自己的。这样的专家，你能说有真学问？

还见过一些专家，做学问倒是勤奋，说的、写的都是一流水平，就是太理想化，不切实际，不能操作。说好听点，只能理论上可行；说不好听点，不过是纸上谈兵，真是"百无一用是书生"。

见识了一些这样的专家后，我对他们再没有了以前的敬慕了。如今，人们戏称专家为"砖家"，实在不是有意侮辱，实在是他们中有很多当不起"专家"之名，更难当"知识分子"这个美称了。他们既没有独立的思想和自由的精神，不能代表社会良知，又没有真学问，怎么能让人尊敬呢？在当下，真正的知识分子的确太少了。

知识当然要积累，但只有结合生活和实践，升华出个人的思想，才算是自己的，才算是真学问。知识当然要继承，但只有学以致用，才体现出它的价值。孔子说，"一通百通"，一门通，门门通，融会贯通。有学问的人都有此感：越学越感到自己的无知，越学越谦虚。因为他的知识由少而多，再由多而少；他读的书由薄到厚，再由厚到薄。他的读书学习，从自由到不自由再回到自由。达到此境界，可算一通百通了。天下事物虽然纷繁复杂，但大道归一，越简单越深刻，越自然越高明。

越是有学问的人，越不故弄玄虚，也不理想主义，而是贴近现实，注重实践和体验，让知识在实践中不断印证，在实践中不断探索新知，然后产生自己的思想和真理性认识。他们既接受故有知识，更重在延伸知识，开拓发现，探索真理，创造新知。这是一种上下求索的有力量的人生姿态。

有现代文化圣人之称的胡适，就有这个特点，他博学多才，但从不卖弄高深，而是把艰深的学识修养通俗平易地表现出来。他为人友善，平易近人；做学问重探索，求实证，不断开拓新领域、新方法；写文章通俗浅白，不写艰涩难懂的文字，并发起白话文运动；他不受人惑，坚持自由思想和独立精神，一生上下求索，不依靠任何力量。他知行合一。他有真学问，是真大师。

实践出真知，真理产生于实践，而不是书本；真学问是知识和生活实践凝结而成的思想，并非博闻强记。所以，没有生活实践，难以真懂得；没有实践和经历，没有发言权。说了，也没什么价值，不如不说。

现代社会，知识、信息爆炸，媒体通讯发达，人们共享信息，方便快捷，但这导致独立思考少，真正创造少，都是查找、复制、粘贴、拿来、"山寨"、"串烧"充斥整个社会，甚至在文化界，都在借话说话。人在其中也变得平面化、面具化，个性流失，创造力减退，生活方式格式化、懒惰，被动，迷失自我。

网络很方便，我们已离不开网络，它占用了我们的大部分时间。不妙的是，与网络越近，与现实越远，对现实生活少了敏感，麻木了神经，不去细心体验了——很多人宁愿网聊，也不与人交谈；宁愿网购，也懒得出门走走。一个"宅"字，是状态，也是心态。

　　都说网上什么都有，真的都有吗？网上有，那也是别人的，不是自己的，而且这些知识犹如快餐，没什么营养。就算你感同身受，也无法代替亲身体验；没了体验，能有什么真思想？没有真思想，怎能说真懂得？

要想真懂得，必须从以下几方面做起：

◎明白只有经历过，才算真懂得，才有发言权。没经历，不妄加评论。

◎知识不是真学问，真学问是知识与生活实践相结合的产物。所以不光要学习书本知识，更要生活实践。读万卷书，还要行万里路。

◎热爱生活，真诚地生活，乐于全方位地体验生活，获取最鲜活的感受和认识。

◎在生活中自觉修养自己，自觉磨砺意志，不随波逐流，既能投入社会，也能超然其外，保持一份清醒，以免迷失。

◎除非需要，尽量减少上网时间，不让海量的良莠不齐的信息挤占了自己宝贵的时间，把更多时间用来体验现实生活：看书，与家人交流，锻炼身体，出去走走等，活在当下，享受生活。

◎重视工作、事业，更重视生活，修身养性；学习借鉴别人，更要坚持独立思考，进行创造性工作。尊重自己，服从自己的内心要求，坚持自己，走自己的路，不去盲从别人，更不随波逐流，工作和生活都有自己的风格，自觉在经历中完善自己。

◎生活是最好的老师，自觉地向生活学习，认真体验和感悟，在不断的经历中学习，提升内心的感悟和境界。

只要经历了，无论快乐还是痛苦，无论成败得失，无论幸与不幸，无论富贵荣辱，只要细心体验，都会有自己的真感悟、真懂得。因为我们哭过、笑过，所以敢说真懂得。

2.祸福相倚

俗话说，"不如意事常八九"，说明人生难如愿的事是大多数。又说"成人不自在，自在不成人"，人一旦成年，就感觉到快乐、自在日益减少，人生多艰。

人生多不如意，但同时又有不期然的喜事，福气不常在，祸患有尽头，福祸相倚，一生都在祸福中。

一世为人的确不容易，不能避免生老病死，而福祸又未卜，今天福运欢喜，明天就可能祸患临头。如此说来，人生的痛苦不可避免，常常会面临苦境。但人生的苦与乐是相互转换的。苦尽甘来，乐极生悲，福祸相倚，顺逆相接，反复不断……人自从出生，就开始了这艰辛的人生，没有一帆风顺、毫无苦恼的人生。

佛家说，"人生苦的根源，在于欲望"。人在这欲望的逼迫下，梦想、期待不断，艰难、痛苦不断。不安现状，不能知足，于是产生各种人生烦恼和痛苦。

苦乐人生，人生中苦虽多，但苦中也有乐，没有吃不了的苦，苦也要承受，为了心中那个遥远的梦，所以人都有能力自得其乐。

所谓"人生如戏"，上天造人，人各有不同，每个人的一生，都犹如一出戏，苦乐相随，福祸相接，悲欢离合，酸甜苦辣，讲来都有故事。人就在不同的人生阶段，扮演着不同的角色，至于演得成功与否，只有自己知道。

人生还给人以空的感觉，所以人们又说"人生如梦"。为了梦想和成功，我们一生忙碌奔波，乐此不疲，但最后，我们真正能得到什么？名利富贵，以及幸福和快乐，得到了吗？就算得到，结果又如何呢？有想象中美好吗？有没有得不偿失之感？而你追求的人生理想和意义，是否真能实现？无论怎样，最后都难免走向坟墓。刚还青春年少，踌躇满志，转眼就人到暮年，生命走到尽头……几十年的光阴，恍然若梦，一梦醒来，一生走过。赤条条来，两手空空而去。从头到尾，好像只是在找自己，最后又找回自己，回归天地间的大自然，消失得无影无踪……这岂不是人生如梦吗？

那么，人生有无意义？也许人生本没有什么意义，所谓的意义是你做了自己感到有意义的事；人生如梦，但毕竟人生不是梦，从头到尾，你一路走来，在这个过程中，你是否做了自己想做的事，是否尽心尽力了，是否感到满足、充实、快乐？如胡适先生所说："就算人生如梦，也要做个像样子的梦。"

如果你想做一个像样子的梦，那么，人生过程中所有的痛苦和祸患你都可以忍受，可以坚强地面对，尽情地享受其中的欢乐和幸福。

因为有这个信念，所以在有限的人生中，我们总想活出一个无限的意义来。所谓"人生不满百，常怀千岁忧"，"雁过留声，人过留名"，我们很多人不甘心白白活一场，总想留下点什么给这个世界——追求一种超越了生命和时空的不朽，不论这个不朽是否真正存在，也不管它对自己有无意义。但是我们就想在人生这场戏中扮演一个出色的角色，在人生这场梦中做一个漂亮的梦。正因为生命有限，人生短暂，所以要寻求一种无限意义上的永恒。或许人生本无意义，活着的目的就是活着，而我们就是有这种想法，姑且叫它妄想吧！因为有此妄想，所以能忍受人生中所有苦痛。

当然，人各有别，追求不同，人生也有别。有的人赤裸裸而来，但未必能一身干净地去；有人一生清白，死而无憾；有人则身败名裂，枉此一生；有人功名成就，有人庸碌无为……无论哪种人生，都不可能避免生的挣扎、死的寂寞，都不能超越生老病死之苦痛，死生都寂寞。这是人生的必然。

不同的际遇适应不同的人生：有人富贵，有人清贫；有人哭，有人笑；有人陷于困苦病厄，有人则福乐安康……幸福的感觉一样，而痛苦各有不同。于是，幸福总是嫌少，弥足珍贵，苦痛总是那么多，无休无止，让人纠结、无奈、无助，有时甚至绝望。但毕竟生活还要继续，要活下去就要挣扎，坚强面对。善于平衡自己的智者，能从容面对人生的苦难、挫折，把它作为人生中不可避免的经历，坦然接纳，积极应对，最终能苦尽甘来，否极泰来。苦乐祸福，成败得失，荣辱贫富，都不是问题。

人生有苦有乐，有顺有逆，有幸有不幸，有福有祸，但它们并非一成不变，而是互相转化的：苦尽甘来，乐极生悲，福尽祸至。没有永远的福，也没有不去的祸，一切的福与祸都是暂时的，都会成为过去。"风水轮流转"，不必得意，也不必绝望，永远不能狂妄，永远都有希望。物极必反，福祸相接，这是自然规律，人力无法改变。

但另一方面，我们又看到，人生确实有运气的存在：时运来了，一好百好，好事相接，福气相连；运气不好时，诸事不顺，祸不单行，坏事频至。不能不承认，运气是存在的，人力难扭转。但是，运气每个人一生都有，不同的是可能有的人抓住了，有的人没有抓住。这样说来，运气更要好好珍惜、把握了。

俗话说"福无双至，祸不单行"，福气总那么少，祸事却频至，但不必心寒，因为上天有好生之德，会给每个人活路，要相信"车到山前必有路"，"天无绝人之路"，所以，只要自己不作死，上天是不会作死你的。如此说来，人生的所有痛苦和祸患，都值得乐观地面对。

面对福祸相倚的人生，我们该如何面对？

◎明白人生福祸相倚相转，没有永远的福和祸。

◎人生如戏，扮演好自己的角色；人生如梦，要做一个像样子的梦，寻找自己认可的人生意义，努力创造自己有意义的人生。不一定求功成名就，名垂不朽，但求尽心尽力、问心无愧。

◎虽说人生福祸相倚，但我们始终要相信：有果必有因，善恶会有报，"种瓜得瓜，种豆得豆"，积极努力，辛勤耕耘，多做善事，自然会多福运、少祸患。

◎相信境由心造，境随心走，面对苦乐人生，调整好自己的心态，心态好了，周围一切都顺眼，否极泰来，诸事转好，福运纷至。

◎运气不好、身处不顺时，一定不要失望，相信会时来运转；当福运连连、身处顺境时，一定不要得意忘形，要心存忧患，小心乐极生悲，祸事惹身。无论福祸，都要坦然面对，怀一颗平常心。

◎坦然接受人生的所有不幸和祸患，勇敢、积极地面对，尽人力扭转，相信苦尽甘来，时来运转。相信一切苦难都是暂时的，都会过去。

佛家认为福气是修来的，主张人们弃恶扬善，多做善事，就会得福报。这自然是美好的愿望，也是人们毕生努力之所在。

3.没有"一定"，总有遗憾

孔子说"毋必"，意思是对一件事不强求一定做到什么程度，要能应变。

志在必得固然是人生应有的一种积极努力的心态，但不是你想一定做到就能如愿的。天下事没有一个"必然"的道理。愿望是一回事，事实和结果又是一回事。很多事情，主观争取是应该的，但结果不以个人意志为转移。

的确，年轻时总会自信地说"我一定"怎么怎么样，但到一定年龄，就会发现：有时努力也做不到，发现自己有时无能为力。虽说"事在人为"，但的确是"成事在天"，不是你努力拼搏、积极向上，就一定可达成目标的；不是你志在必得，就一定可以得到的；不是你辛勤耕耘，就一定能成功的；不是你努力付出，就一定可以得到回报的；不是你付出越多，就得到越多的……

相反，有时，为了心中一个久已存在的梦想，你历尽辛酸，却与成功无缘；你努力向上、力争上游，但总是不得时、不得遇，一生不能摆脱平庸的处境；你真诚地做人、做事，努力付出，却得不到理解、回报，反而得罪了人，费力不讨好；担当越多，责任越大，得罪人越多，受伤越大。

总是事与愿违，这时就会感到人生的确也有无奈。这无奈完全不以个人意志为转移，人力不能改变。于是，面对这种无奈人们发出浩叹：个人像一粒微尘，任凭你有多大的雄心抱负、意志和力量，也不能改变，只能身不由己，随波逐流……

我们常信誓旦旦地说：要主宰自己的人生，要做自己的主人，要发挥自己的主观能动性，积极进取，迎难而上，努力发掘自己的能量，证明自己，成就自己，活出自己的精彩人生。这当然是极好的，也是应该的，否则人生有何趣味？但事实并没有那么简单，心中想着"志在必得"，但人生没有"一定"，没有"必然"——人是有局限的，人并不能真正地掌握自己的人生——不仅因为超越个人很难，还因为社会和现实有种种竞争和阻力存在，另外，还有运气的存在。所以，要想达到自己想要的成功，并非易事。不是你说

"要做人生的主人"，就一定能够做到。无论你承认与否，这是现实，也是人生的无奈。

"人生事不如意十之八九"，这已是很多人的共同感受。我们从小受到教育：人是万物之灵，只要努力，没有做不到的，爱拼才会赢。作为激励，这固然是应当的。而且，如果不努力，结果确实更糟糕，只有努力，才可能成功。但事实上，人未必是万物之灵，爱拼固然是好事，但拼的结果不一定成功，有时可能徒劳无功，甚至功败垂成。客观世界复杂多变，很多事情，不在我们的掌控之中。我们的能量巨大，但同时能力有限。古人早就看到人类的渺小，所以敬畏天地自然，敬畏圣贤，顺道而行，不与天为抗，绝不讲人定胜天，而是法天效地，努力与自然和谐相处，追求天人合一的境界，自我约束，追求圣贤之人道。

因为明白这个道理，所以古代圣贤从不强求，于是提出"穷则独善其身，达则兼济天下"的达观而理想的状态；因为自知不能掌握自己的命运，所以乐天知命，知足知止；甚至以"命里有的终归有，命里无的莫强求"来安慰自己。

这可不是消极、不思进取，而是人生的经验之谈。

人的生命有限，能力有限，人类不能战胜自身，克服自身的局限，更无从战胜自然，加之某种冥冥中的注定，我们有什么资格骄傲？说什么人定胜天呢？天下没有"一定"，不由你决定，任性不得。明白没有"一定"，就增加一份自知之明，明白自己的无知、无奈、无力，从而增加心中的敬畏之心，不会自以为是，不会狂妄自大，不会好高骛远，不会眼高手低，不会勉强为之，不会给自己和别人无谓的压力，从此乐天知命，脚踏实地，知止知足，心平气和，活出自己的福乐安康。

只要积极向上，做人、做事尽心尽力，尽职尽责，对己、对人都认真负责，问心无愧，心安理得，就会活得泰然自若；只要有自己的追求，能做自己喜欢的事，做自己有能力做成的事，取得属于自己的东西，就是成功人生。

人生没有"一定"，总有无奈，遗憾也是必然的。世界和人都不完美，所以人生也不可能完美无缺。

无论你是谁，追求什么，怎么活着，都难免有遗憾。没有遗憾，那只是一种愿望。

首先是人本身，就有让人失望遗憾的地方。《左传》上说："人非圣贤，孰能无过？"人都有毛病，总有看着不顺眼的地方。所以人要时时反省自己，慎独其身。只要善于补过，就能不断完善自己，达到自己满意，也让别人满意。

天生为人，各有禀赋，也有缺点。有缺点的人，才真实可爱。有缺点不可怕，可怕的是不承认缺点，或者不加以改正完善。人只有正视自己，扬长避短，就有希望。但认识自己谈何容易，人生的过程就是找到自己的过程。能认识到缺点，才开始找到了方向。

人都有缺点，而且都会犯错。可以说，人生就是在一次次纠错中不断成长起来的。而真正的成长往往从犯错中领受教训。当然，没人愿意犯错。犯错的结果，无论是有心无意，结果都不会好受。但有谁能说，他一生没犯过错呢？漫漫人生路，总要错几步。所以，苛求自己或他人不犯错，注定是徒劳的。相反，我们要与人为善，允许别人犯错，给人犯错的机会。

因为人时常犯错，所以人生难免有后悔的事。无憾的人生是没有的。少壮不努力，老大徒伤悲；少年轻狂犯错，长大幡然悔悟；你原想做的事，因为种种原因没做成……大千世界，百态人生，曲折多变，人人皆有悔不当初的心态。但岁月不可追，世上没有后悔药，只有扼腕长叹。这无可弥补的悔，也是人生不可免的，也是一种无奈。

有悔有憾的人生，才是人生的常态。有所悔恨、耿耿于怀的人到处都是。但是，为了让人生多些完美，还是把"无悔人生"作为一种理想来追求，尽最大努力，让人生少留悔憾，尽最大努力，弥补人生之悔憾。

正因人生没有一定，我们才追求一定；正因人生不完美，我们才追求完美；正因人生有悔，我们才追求无悔人生。完美，作为一种状态，虽不能至，但并不影响我们心向往之——因为，我们有向善向美的心灵。

那么，如何尽力做到"一定"，做到少悔憾呢？

◎明白人的能量无穷，但能力有限，无论你有多自信，也有自己的局限和无能为力之处。

◎要想成功必须发挥主观能动性，要尽人事，但明白成事在天。

◎可以志在必得，但明白天下事没有"一定"，所以凡事要做好最坏的心理准备，以免达不到而失落、失望。

◎积极进取，但要有自知之明，做可行之事，做自己能力范围之内的事情，不做无谓的、勉强的努力，否则努力也不会有"一定"之成功。

◎没有"一定"，只是告诉你不要狂妄地自信，但不能因此消极懒惰，不再尽人事，而完全听天命。

◎明白人都有缺点，都会犯错，所以人生的悔憾也是不可避免的。

◎为了减少犯错误，时常、反观自己，慎独修身，加强自我认识，检点自己的缺点和错误，做到"不二过"，少咎、无咎。

◎你的最大敌人是自己，所以要不断完善、修养自己，突破、战胜自己，以减少错误。

◎审时度势，顺道而行，遵循规律而行，谨慎言行，谋事在前，有静心，不盲动，从而减少错误、失误和悔憾。

只要做人、做事尽心尽力，尽职尽责，有担当、有责任地活着，问心无愧，心安理得，自然会让人生多一些自我把握，少一些错误和悔憾。

4.人生没有结论

《易经》的第六十四卦，是未济卦，是说宇宙无休止地运动，没有结束。就是说，一切都是暂时的。我们每个人，都是这个世界的过客。

人生是什么？没有一个定论。人生的意义是什么？也没有一个定论。

我们受的教育告诉我们：人生的意义在于奉献。而这不过是社会标准上的人生意义。自己过得怎么样，滋味如何，只有自己知道；自己的人生是否有意义，自己知道。

什么是成功人生？也许不在于功成名就。或许，成功的标准，就在自己的心里——你是否感到充实、快乐、幸福，不是别人和社会给你定义的，而完全是自己定义的。

自己的人生，自己最有发言权，因此应由自己来定义。你是否活出了成功和意义，只有靠自己，没有人可替代，所以也不是别人说你成功，说你活得有意义，你的人生就是成功的、有意义的。

人生是自己的，由自己说了算。别人怎么评价你，实在无所谓，更不必介意；而别人的人生，更与你无关。别人的成功是人家的，不是你的，你拿不来，也不能复制；你的成功只能自己来创造，路只能自己走，没人可依靠——人生本质上是孤独的，它的终极关怀是自己，也唯有自己最可靠。

我们常说：时间会证明一切。但历史书上不见的是真相，时间也不能证明什么。相反，历史和时间倒是往往会把人淹没其中，甚至扭曲。有个词语叫盖棺论定，其实，盖棺也未必能论定——许多的人和事，情况复杂，事实远没有那么简单，可以在人死后就可以下个定论。人性本复杂，性情有多面，而且一个人的功过得失、人品道德，也是复杂多面的，加之会受到社会的影响，致使一个人即便死后也难下一个客观的定论。能够大体仿佛，就算不错了。所以，对于现实，我们要厘清真伪，辨别是非曲直；对于历史，我们也不能轻信，而要睁大双眼，辨别真伪。

了解一个人生前的是非对错、功过得失，不能光看一种说辞，还要多方探究审视，才能了解大略。

人生没有结论，所以，对于一个人，怎么可能得出一个统一的结论呢？我们要了解的、能够了解的，绝不可能全面，而光是一个侧面，能够窥其一斑，已经算不错了。

或者有人会问：人为什么活着？最实在的回答是：活着。有人问：人生有什么意义？回答是：人生本身并无意义，其意义就是你去做自己感觉有意义的事，去寻找意义。

作家毕淑敏曾经在一所大学里演讲。

演讲会上，很多大学生通过纸条向她提问。其中问得最多的一个问题是："人生有什么意义？请你务必说真话，因为我们已经听过太多言不由衷的假话了！"

当毕淑敏拿到这个纸条时，她没有回避，而是当众把这个问题念了出来。她说："你们今天提的这个问题很好，我会讲真诚。我在西藏阿里的雪山之上，面对着浩瀚的苍穹和壁立的冰川，如同一个茹毛饮血的原始人，反复地思索过这个问题。我相信，一个人在他年轻的时候，是会无数次地叩问自己——我的一生，到底要追索怎样的意义？"

她接着说："我这样想了无数个晚上和白天，终于得到了一个答案。今天，在这里，我将非常负责地对你们说，我思索的结果是：人生是没有任何意义的！"

现场出现短暂的寂静，但随后，就是雷鸣般的掌声。这可能是她演讲中最热烈的掌声了。

毕淑敏赶紧用手示意，让大家停下掌声。她说："大家先不要忙着给我鼓掌，我的话还没有说完。我说人生是没有意义的，这不错，但是，我们每一个人，要为自己确立一个意义！是的，关于人生意义的讨论，充斥着我们的周围。很多说法，由于熟悉和重复，已让我们从熟视无睹滑到了厌烦，可是这不是问题的真谛。真谛是：别人强加给你的意义，无论它多么正确，如果它不曾进入你的心理结构，它就永远是身外之物。比如，我们从小就被家长灌输过人生意义的答案。在此后的漫长岁月里，谆谆告诫的老师和各种类型的教育，也都不断地向我们批发人生意义的补充版。但是，有多少人把这种外在的框架，当成了自己内在的标杆，并为之下定了奋斗的决心呢……"

我们常说："奉献的人生最有意义。"只是这个意义是社会标准的。实际上，人生的意义只有靠自己去寻找、用心去体会。你觉得有意义，才是真的有意义；你不觉得快乐，那么社会说你活得有意义，又对自己有何意义？因为，人生是你自己的，它的意义理当由自己来决定。人生最大的意义，就是争取自己想要的意义。你的人生，除了自己，没有人可以做结论。

我们该如此理解人生没有结论：

◎人生如一条河，川流不息，虽然生命有限，但人生和人性都复杂难论定，所以人生难下一个定论。

◎看人应客观地看，全面地看，变化地看，看正面，也要看侧面，还要看反面，这样才可能得出一个相对客观的意见，但永远不要下结论。

◎ 人生是自己的，自己的人生自己主宰、自己定义。明白自己需要什么、怎么生活、以一种什么样的姿态面对人生。

◎ 明白了人生没有结论，就不会固执，不会囿于一隅，不会盲目崇拜，不会以成败论英雄，而是自己创造自己的成功之路。

◎ 明白人生本无意义，就不会被动地接受别人赋予我们的意义，不会看他人脸色，不必受社会标准的牵制，从而不失自我，按照自己想要的方向，创造自己有意义的人生。

人生没有结论，所以无论你现在活到哪个阶段，你的人生，都可以像一张白纸，那上面的蓝图，完全由自己来描画！你的人生，有太多的未知领域，需要你探索。你不必有什么束缚，尽管按照自己的方式，画出自己想要的人生风景！

5.迎接新一天

人生，活的就是一个过程，生命的意义也在其中。

一个真诚生活的人，总是充满热情地体验人生，发现自我的天性，自觉提高、完善自己，证明并实现自我价值，同时光照别人。

在这个过程中，会有挫折、苦痛，但因为他一心向上，积极进取，内心有追求，他也会苦中作乐，无论多难，也不会厌倦人生。他的人生格调就是积极进取、迎难而上、上下求索、自强不息……

俗话说："人生一世，草木一秋。"人生短暂，韶华易逝，如春花秋月，梦幻泡影，转瞬成空。总是刚明白些道理，活出点滋味，就已经走到尽头。不仅生老病死无法超越，就连自己的人生，很多人也难以主宰、把握。谁没有体验过人生的挫败、艰辛和无奈呢？

但是，苦中有乐，苦乐相倚，所以希望也在心中永存。苦尽甘来，没有永远的苦，也没有常在的甜，总是反反复复，循环往复。如《易经》中所说"生生之谓易"，不断变化，生死相递嬗，物极必反，正反相生，阴阳交变，生命在一个个"轮回"中带给我们无限的惊喜，带给我们永远的希望、信心和力量。当然，我们有累，有烦，甚至意懒心灰，但每当晨曦升起，心中就又会燃起红彤彤的希望……

人作为自然之子，与万物一样，生命会消亡，生存的意义在于对自身生命的完善；生命的乐趣，在于生命体验。生命的过程，犹如四季之春夏秋冬，春华秋实，开花结果。只要心中燃烧着希望，那么人生所经历的寒冬酷暑、风霜雪雨，都要坦然接受，细心体验，乐观面对。

世界如此精彩，万物缤纷，让人看不够。而"我"，也是这个世界的一员，与他们完全不一样！那么，我将如何点缀这个世界？这么想想，就会认真而努力地生活，生命也会因此显得生动而美丽。

在石头隙中生长的小草，那么有活力，让人动容。人在社会中生存、立足，不也正是如此吗？有时，我们像小草一样，在夹缝中生存，但这并不影响我们倔强不屈地向上、向上，充满生命的活力。

无论经历多少艰辛、苦难，无论成败得失，无论荣辱、贫富，无论处境如何，都不失去对生命的感受力，永葆生命的激情和力量，这是最难得的。每当春天来临，万物复苏，敏感的心会萌生春意，看到迎春花开放而感动，看到小草破土而惊喜……这样的人，永远不老。

心中充满感受力的人，一定热爱生活，善待人生，尽一生的力量完善自己，活出自己的精彩，创造出自己的生命意义。这样的人，人生于他，永远是明天。

面对流水，孔子浩叹："逝者如斯夫。"人生如流水，一去不复还，逝去不可追，所以孔子激励自己要"不舍昼夜"，珍惜光阴，不虚度，努力完善自我，从而创造不凡的人生。这就需要不断地学习，更需要不断地体验生活，加强自我修养；仔细体察天道、人道，认识人生、社会。孔子与老子一样，终生追求高尚的"道"，既有自然大道，又有人间正道。为了道，他选择安贫乐道，并学习一生，他说"朝闻道，夕死可矣"，只要能得到真学问，哪怕晚上即死也无所谓了。可见他求学之心切，终生学习，追求自我的完善和提高。尽一生的力量学习、求道，功夫到家，水到渠成，人生结束时，求道之路还不算完……

人生虽短，生命虽有尽头，但仍然值得期待，只要有追求，生命即便到头，灵魂也不会死去。对活得艰难的人来说，人生漫漫，又苦又长，平淡琐碎，日复一日，但生命中的每一天都是新的，时时新，日日新。所以，生活看似平淡、苦涩，但其中不断变化、转换，蕴藏着无尽的希望、快乐和幸福。明白了这个，就会积极向上，珍惜当下，时时日日学习，时时日日进步，如孔子所说"日新之谓盛德"。心中有风景的人，眼前的种种皆可成风景，所以事事都能在他的美好心态中日臻完善。

人生虽短，但我们总是把它当成永远来活；人生并无意义，但我们总要努力活出意义。"人生不满百，常怀千岁忧"、"先天下之忧而忧，后天下之乐而乐"、"天下兴亡，匹夫有责"，等等，这不只是热爱生活，更是一种对生命负责的态度，体现了一种对短暂人生的超越意识——追求一种神圣的精神上的满足和胜利。

一个有梦想、对自己的人生有期待的人，活着不只是为了吃饭，还要证明和成就自己、完成自己。如果能建功立业、扩延生命的辐射范围，当然更有一种精神上的幸福快乐。所以，他明知人生短暂，但不以吃喝玩乐为求，而是以释放自己和光照他人为乐。这是他人性中的一种光辉，是他自觉对短暂人生的超越意识。古来"君子忧道不忧贫"、"知我者谓我心忧，不知我者谓我何求"，他的追求和忧愁，已经超越了自己。

他的忧不是愁闷、不是气馁，而是忧患意识，是对人生及对更多人的命运做积极思考和探索。这样的人，因为想得最多的不是自己的福祉，而是更多的人的，所以，他的生命在人们看来是不朽的。

这样的人，热爱生命，活力巨大，不为有限的人生所局限，毕生不懈地发掘生命潜力，突破、提高、完善自己，以实际行动超越有限的人生。

这样的人是生活的强者，他们不会哀叹人生苦短，也不会及时行乐，更不会回避现实，他只会着眼于明天，立足于今天，抓住每

一个今天。每天对他们都是新的，他们要"日日新"，创造每一个
充实而成功的今天，为理想、为明天、为自我生命的超越，不断地
积极进取，迎难而上，上下求索……

伟人们的人生，大多如此豪迈。儒家追求"立功、立德、立言"
人生三不朽，"达则兼济天下，穷则独善其身"，体现出一种自觉超
越短暂人生和自我生命的豪迈情怀。他们的人生层次和境界提高了，
所以能创造出一种普世的价值和思想。既实现了自我价值，又光照了
社会，其人生早已超越了个人意义，所以成就不朽。

其实，无论伟人，还是凡人，只要有"日日新"的向上的生活
姿态，就能最终完善自己，完成了此生使命，不枉此生。

那么，我们该如何日日新呢？

◎明白人生每天都是新的，所以永远不放弃希望，要每天更新自
己的热情、希望和力量。

◎人生虽短，但每天是新的，我们活的就是这一天又一天积累而成
的过程，要努力让这个过程充实、饱满，为此，充实每一个今
天。

◎给自己一个好好活着的理由：梦想或功名；赋予自己的人生一
个意义：证明自我价值，同时光照他人、社会，让生命尽可能
超越短暂和时空的局限，给人留下美好深刻的印象。

◎永远热爱生活，积极向上，充满好奇，真诚生活，认真体验生
活，即便生活平凡平淡，也要充满无限期待和希望地过好今
天，迎接明天，善于寻找生活中的乐趣和意义。

◎珍惜光阴，好学求知，充实内心，增加生命活力，这样更能感
觉到生活的乐趣和意义，也更容易走向成功。

◎不要有"人生苦短，及时行乐"的思想，更不能得过且过、随波逐流，不去发掘个人的无限潜力，不去超越个人的生命，甚至懦弱无能，逃避现实，因为这样行尸走肉地活着，只能会日益厌倦人生，走向坠落。

◎相信"我"是世界的唯一，为丰富这个世界而来，所以要活出精彩的人生，有责任地活着，尽职尽责，完成此生的使命。

　　人生苦短，但太阳每天会照常升起，人生每天都是新的，我们每天都有新感受、新体验，这是多么美好！所以，我们理当充满好奇地去探索，走过每一个今天，奔向每一个明天……

　　让我们把握今天，脚踏实地，迎着每一天的晨曦，昂扬向前，活出灿烂的人生！

图书在版编目（CIP）数据

人生，不只初见 /李安安著. —北京：华夏出版社, 2016.1
ISBN 978-7-5080-8660-6

Ⅰ.①人… Ⅱ.①李… Ⅲ.①人生哲学－通俗读物 Ⅳ.①B821-49

中国版本图书馆CIP数据核字(2015)第272324号

人生，不只初见

作　　者　李安安
责任编辑　许　婷

出版发行　华夏出版社
经　　销　新华书店
印　　刷　三河市少明印务有限公司
装　　订　三河市少明印务有限公司
版　　次　2016年1月北京第1版　　　2016年1月北京第1次印刷
开　　本　670×970　1/16开
印　　张　16.5
字　　数　150千字
定　　价　39.00元

华夏出版社　网址:www.hxph.com.cn 地址：北京市东直门外香河园北里4号 邮编：100028
若发现本版图书有印装质量问题，请与我社营销中心联系调换。 电话：（010）64663331（转）